U0694146

| 职业教育电子商务专业 系列教材 |

网页设计与制作

主 编／肖 忠 夏政权

副主编／王伟林 徐 亚 郭敏烨

参 编／（排名不分先后）

毛 颖 陈小聪 卢惠贞 黄慧宇

重庆大学出版社

内容提要

《网页设计与制作》是网店装修课程的前导课程，共分为 7 个项目，内容涵盖了网页制作的相关基础知识，包括网页制作入门、文本、图片、超链接、表格、表单、CSS 基础知识等；也包含了网页布局相关知识，如使用表格布局网页、使用 Div+CSS 布局网页等。本书尽量减少文字的描述，更多地使用了图片的形式对知识点和操作步骤进行讲解，其特点是对每个知识点以任务与活动的方式进行介绍，采用 Step by Step 的网页制作流程进行讲解，使学生能轻松上手，学生只需要跟着这些操作步骤一步一步地操作，即可制作出各种精美网页，并能培养主动学习、自主探究的钻研精神，以及严谨、踏实、细致的工作态度。

本书可作为职业院校电子商务专业及计算机应用相关专业教材、网页制作培训教材，也可作为网页设计与制作人员、个人网站建设爱好者和自学者的参考用书。

图书在版编目（CIP）数据

网页设计与制作 / 肖忠，夏政权主编. -- 重庆：
重庆大学出版社，2024.7. -- (职业教育电子商务专业
系列教材). -- ISBN 978-7-5689-4688-9

Ⅰ. TP393.092.2

中国国家版本馆CIP数据核字第20240J87N3号

职业教育电子商务专业系列教材

网页设计与制作
WANGYE SHEJI YU ZHIZUO

主　编　肖　忠　夏政权
副主编　王伟林　徐　亚　郭敏烨
责任编辑：王海琼　　　版式设计：王海琼
责任校对：谢　芳　　　责任印制：赵　晟
＊
重庆大学出版社出版发行
出版人：陈晓阳
社址：重庆市沙坪坝区大学城西路21号
邮编：401331
电话：（023）88617190　88617185（中小学）
传真：（023）88617186　88617166
网址：http：//www.cqup.com.cn
邮箱：fxk@cqup.com.cn（营销中心）
全国新华书店经销
重庆市国丰印务有限责任公司印刷
＊
开本：787mm×1092mm　1/16　印张：13.75　字数：328千
2024年7月第1版　2024年7月第1次印刷
ISBN 978-7-5689-4688-9　　定价：39.00元

本书如有印刷、装订等质量问题，本社负责调换
版权所有，请勿擅自翻印和用本书
制作各类出版物及配套用书，违者必究

编写人员名单

主　编　肖　忠　中山市职业教育集团

　　　　夏政权　广东文艺职业学院

副主编　王伟林　东莞市电子商贸学校

　　　　徐　亚　中山市现代职业技术学校

　　　　郭敏烨　广东文艺职业学院

参　编　(排名不分先后)

　　　　毛　颖　广东省财政职业技术学校

　　　　陈小聪　湛江财贸中等专业学校

　　　　卢惠贞　佛山市南海区九江职业技术学校

　　　　黄慧宇　中山市第一职业技术学校

　　《网页设计与制作》是在"职业教育体系"大发展的背景下，组织职业院校教学一线资深专业教师，按照《国家教育事业发展"十四五"规划》中职业教育发展方针与政策的有关精神，根据电子商务专业的教学改革需要，结合行业需求编写而成。

　　本书全面贯彻党的二十大精神，以社会主义核心价值观为引领，传承中华优秀传统文化，内容体现时代性和创造性，注重立德树人，以正能量案例引导学生形成正确的世界观、人生观和价值观。

　　全书共分为7个项目，内容涵盖了网页制作的相关基础知识，如网页制作入门、文本、图片、超链接、表格、表单、CSS基础知识等；也包含了网页布局相关知识，包括使用表格布局网页、使用Div+CSS布局网页等。

　　本书以案例驱动组织全部内容，从内容安排、知识点组织、教与学、做与练等多方面体现职业教育特色。本书的主要特点体现在以下几个方面：

　　1、注重课程思政的融入：我们非常重视思政教育对学生的重要意义，因此，在教材中融入了课程思政的内容。通过融入人文关怀和价值观引导，我们致力于培养学生的职业道德、社会责任感和综合素养，使他们在日后的职业生涯中能够成为德智体美全面发展的高素质人才。

　　2、理论与实践结合：本教材注重理论知识与实践操作的结合，力求帮助学生在学习过程中理论联系实际、理解与应用并重。除了提供基础理论知识外，我们还加入了大量实际案例和实践操作，帮助学生充分理解并运用所学的网页制作技能。

　　3、突出项目实战导向：本教材强调实战能力的培养，除了专业知识的传授，我们更注重培养学生的实际操作技能。通过丰富的项目实战案例，帮助学生深入了解网页制作的应用场景，并能独立运用所学技能完成真实的项目任务。

　　本书内容由浅入深，简洁易懂，结构清晰，语言简练，实例新颖，图文并茂，可作为职业院校电子商务专业及计算机应用相关专业教材、网页制作培训教材，也可作为网页设计与制作人员、个人网站建设爱好者和自学者的参考用书。

　　为了方便教学，本书提供配套资料包含电子课件、电子教案、案例素材、案例效果等内容，可在重庆大学出版社的资源网站(http://www.cqup.com.cn)上下载。郑重提醒，所有素材及配套资料只能用于教学，未经许可，不得商用。

　　本书由肖忠、夏政权担任主编，负责全书编写的统筹与统稿工作。项目1由肖忠、夏政权编写；项目2由陈小聪、王伟林编写；项目3由毛颖编写；项目4由徐亚编写；项目5由王伟林编写；项目6

由卢惠贞、郭敏烨编写；项目 7 由夏政权、黄慧宇编写。在编写过程中，得到了重庆大学出版社的大力支持与帮助。为了教学的需要，部分素材来自网络，也参考了一些电子商务网站的资料、素材和相关书籍，在此一并致以衷心的感谢！

最后，感谢所有为本书编写和出版付出努力的专家、教师和出版机构。我们期待您的宝贵意见和建议，帮助我们不断改进和完善教材。祝您在学习《网页设计与制作》的过程中取得丰硕的成果！

由于我们的水平有限，书中存在不足之处也在所难免，恳请各位读者及专家不吝赐教，给我们提出宝贵的意见或建议。

联系邮箱：aweto2011@163.com。

编　者

2024 年 6 月

目录

项目3 使用表格排版网页

项目4 制作包含表单的网页

项目5 制作框架网页

项目6 使用CSS美化网页效果

项目7　使用Div+CSS制作网页

项目 1
网页设计制作入门

□ 项目综述

随着通信与网络技术的发展，互联网已经成为一种崭新的技术，人们通过互联网可以浏览全世界的信息，而网页就是组成互联网上成千上万网站的媒介单元，故网页设计与制作技术已成为当下热门技术。网页作为网站最基本的组成元素，网页之间并不是杂乱无章的，而是通过各种链接相互关联，描述相关的主题或实现相同的目的。

小白是一名电子商务专业一年级的学生，在了解了网页设计与制作技术的重要性后，利用课余时间开始学习网页设计与制作技术，以助于今后专业课的学习。

□ 项目目标

素质目标
◇培养学生善于发现问题、分析问题、解决问题的能力。
◇培养学生主动学习、自主探究的钻研精神。
◇培养学生严谨、踏实、细致的工作态度。
◇培养学生互助，协作的团队精神和沟通能力。

知识目标
◇了解Dreamweaver CS6的工作界面。
◇掌握如何创建站点与新建、保存网页。
◇掌握如何在浏览器中浏览网页。
◇掌握文本及列表的使用。

能力目标
◇会网页制作基本操作。
◇会制作文本网页。
◇会制作包含列表的网页。

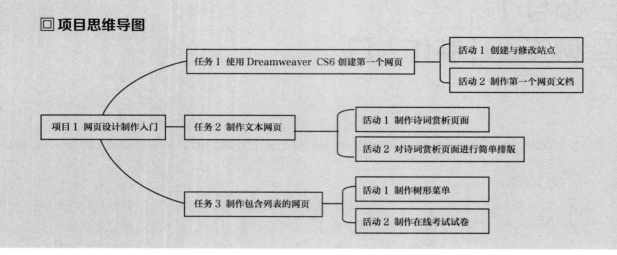

□ 项目思维导图

任务1 »»»»»»»»

使用Dreamweaver CS6创建第一个网页

情境设计

小白很喜欢自己的专业,也很喜欢网络,经常通过网络查找学习资料进行专业学习。但最近一直有个问题困扰着他,网上这么多漂亮的网页是如何制作的呢?要是自己能制作出一个漂亮的网页该有多好。他请教了自己的老师,在老师的帮助下,小白开启了网页设计与制作的学习,创建了自己的第一个网页。

任务分解

本次任务是使用Dreamweaver CS6创建第一个网页,要完成该任务,必须先了解创建网页的工具Dreamweaver CS6,然后在Dreamweaver CS6中创建站点,新建与保存网页文件,并在浏览器中浏览创建好的网页。

本任务可以分解为两个活动:创建与修改站点,制作网页文档。

活动1 创建与修改站点

活动要求

(1)创建一个名称为"项目1"的本地站点,站点文件夹为D盘。

(2)修改"项目1"站点文件夹为桌面上的"Task1-1"文件夹。

□ 知识窗

启动 Dreamweaver CS6 软件。

(1) 双击桌面上的 Dreamweaver CS6 图标，启动软件，如图 1.1 所示。

图 1.1

(2) 在"欢迎界面"中单击"新建"栏下的"HTML"按钮，新建一个 HTML 网页文件，进入新的窗口界面，如图 1.2 所示。

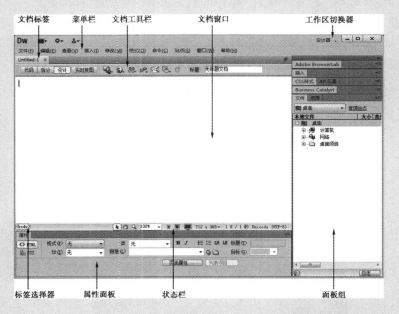

图 1.2

活动实施

1. 新建站点

(1) 依次单击"站点"→"新建站点"菜单命令, 打开"站点设置对象"对话框。

(2) 在打开的"站点设置对象"对话框中设置站点名称为"项目1", 点击"本地站点文件夹"文本框后面的"浏览文件夹"按钮, 在打开的对话框中选择 D 盘, 如图 1.3 所示。

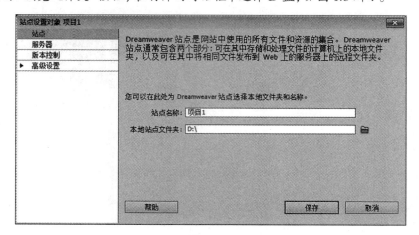

图 1.3

(3) 单击"保存"按钮, 完成站点的创建操作。

2. 管理站点

(1) 依次单击"站点"→"管理站点"菜单命令, 打开"管理站点"对话框。

(2) 在"管理站点"对话框中选择"项目1"站点, 单击"编辑"按钮, 如图 1.4 所示; 打开"站点设置对象 项目1"对话框, 点击"本地站点文件夹"文本框后面的"浏览文件夹"按钮, 在打开的对话框中选择桌面上的"Task1-1"文件夹, 如图 1.5 所示。

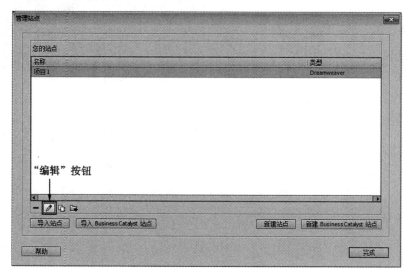

图 1.4

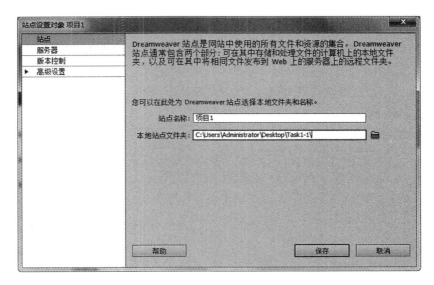

图 1.5

(3) 单击"保存"按钮,完成站点的编辑操作。

活动评价

本活动主要是熟悉Dreamweaver CS6的软件界面,通过活动实施过程,熟悉站点的创建与修改操作,并能理解站点的作用。

活动2　制作第一个网页文档

活动要求

新建一个网页文件,输入两行文字,并将网页文件以"task1-1-2.html"为文件名保存到"项目1"站点的根目录下,效果如图1.6所示。

图 1.6

回 知识窗

1.Dreamweaver CS6 的 3 种编辑模式

Dreamweaver CS6 有 3 种编辑模式，分别是代码、拆分、设计，如图 1.7 所示。

图 1.7

2. 网页的基本结构

网页的基本结构由三部分组成：声明、头部、主体，如图 1.8 所示。

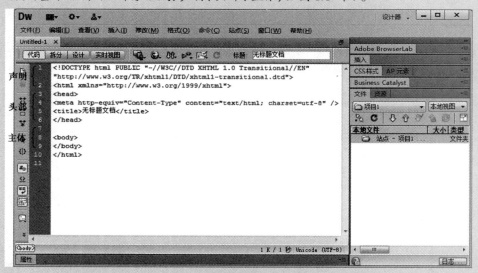

图 1.8

(1) 网页文档类型声明

使用 <!doctype html> 来声明网页的文档类型，用来告诉浏览器使用什么样的 HTML 或 XHTML 规范来解析网页，它存在于页面的第一行，不区分大小写。

(2) 网页的头部

•<head></head>：定义文档的头部。标签内包含 <meta>、<title> 等标签。

•<meta />：提供有关页面的元信息（针对搜索引擎和更新频度的描述和关键词等），写在 <head></head> 标签内。

① <meta charset="UTF-8' />：设置页面的编码格式 UTF-8。

② <meta name="Author" content="" />：告诉搜索引擎站点的作者。

③ <meta name="Keywords" content="" />：告诉搜索引擎网站的关键字。

④ <meta name="Description" content="" />：告诉搜索引擎网站的内容。

•<title></title>：该标签用于定义文档的标题。写在 <head></head> 标签内。

•<title>HTML 笔记 </title>：网页标题为"HTML 笔记"，在浏览器标题栏上显示。

(3) 网页的主体

•<body></body>：定义网页文档的主体。

活动实施

(1) 依次单击"文件"→"新建"命令，打开"新建文档"对话框，如图 1.9 所示。在打开的"新建文档"对话框中选择"空白页"选项卡，在"页面类型"中选择"HTML"，然后单击"创建"按钮，新建一个 HTML 网页文件。

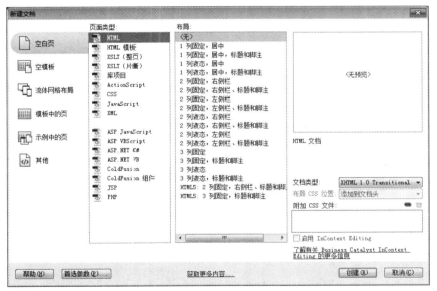

图 1.9

(2) 在"文档工具栏"的"标题"文本框中，将"无标题文档"更改为"我的第一个网页"。

(3) 在"文档工具栏"中单击"设计"按钮，切换到设计视图模式，在文档窗口中输入"Hello, World!"，然后按回车键，再输入"欢迎光临，这是我的第一个网页！"，如图 1.10 所示。

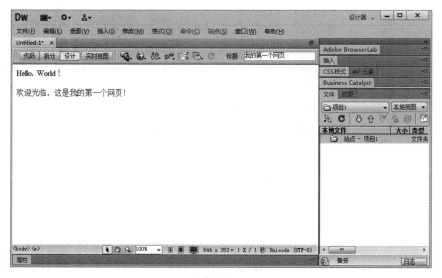

图 1.10

(4) 依次单击"文件"→"保存"命令，打开"另存为"对话框，在"文件名"文本框中输入"task1-1-2"，如图 1.11 所示。单击"保存"按钮保存网页文件，最后单击"task1-1-2.html"文档标签中的关闭按钮即可关闭网页文件。

图 1.11

(5) 在 Dreamweaver CS6 的"欢迎界面"中单击"打开"按钮，打开"打开"对话框，如图 1.12所示。选择"task1-1-2.html"文件，单击"打开"按钮打开该网页文件。在"文件"面板中展开"站点 - 项目 1"，双击"task1-1-2.html"文件名也可以打开该文件。

图 1.12

(6) 在"文档工具栏"中单击"在浏览器中预览／调试"工具按钮，在弹出的快捷菜单中单击"编辑浏览器列表"命令，打开"首选参数"对话框，如图 1.13 所示。

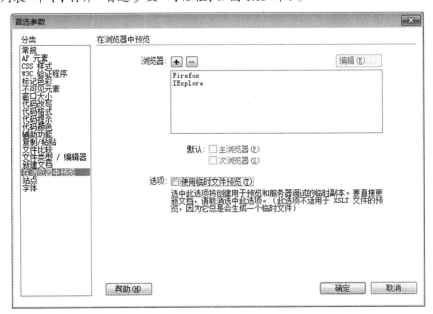

图 1.13

(7) 在"在浏览器中预览"选项卡中单击"浏览器"文字后面的"+"号按钮，打开"添加浏览器"对话框，在"名称"文本框中输入"主浏览器"，单击"应用程序"文本框后面的"浏览"按钮，在打开的"选择浏览器"对话框口按浏览器的实际安装路径查找并选择，勾选"主浏览器"复选框，如图 1.14 所示。单击"确定"按钮完成主浏览器的添加操作。

图 1.14

(8) 在"文档工具栏"中单击"在浏览器中预览 / 调试"工具按钮,在弹出的快捷菜单中单击"预览在主浏览器"命令 (或按 F12 键),即可启动主浏览器浏览网页。

活动评价

使用Dreamweaver CS6制作第一个网页并成功在浏览器中查看运行结果,通过操作掌握Dreamweaver CS6网页制作的基本操作,包含网页文件的新建与保存、网页标题修改及内容的添加、如何在浏览器中运行网页结果等。

任务2 »»»»»»
制作文本网页

情境设计

小白在创建并浏览了自己制作的第一个网页后,兴奋不已,决定要好好学习网页设计与制作的相关技术。他的语文老师在得知小白会制作网页后,请他帮忙制作一个关于诗词赏析的网页,供同学们课后浏览学习。小白接到任务后很开心,马上搜索相关的技术文档,以便帮助语文老师完成文本网页的制作。

任务分解

本次任务是使用Dreamweaver CS6制作包含文本的网页,要完成该任务,必须先了解标题、段落等文本网页标签的使用以及特殊字符的使用。

本任务可以分解为两个活动:使用标题、段落等文本网页标签制作诗词赏析页面;使用特殊字符对页面进行简单排版操作。

活动1　制作诗词赏析页面

活动要求

如图1.15所示，完成诗词赏析页面的制作，完成后以"task1-2.html"为文件名保存。

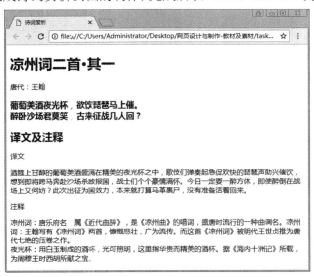

图 1.15

□ 知识窗

1. 标题标签

标题标签表示一段文字的标题，共划分6级标题 <h1>…<h6>，从1级到6级，逐级字体减小，如图1.16所示。在 Dreamweaver CS6 中，单击"格式"→"段落格式"菜单命令，在打开的子菜单中选择"标题1"~"标题6"中的一个，或者在"属性"面板的"格式"下拉列表框中选择"标题1"~"标题6"中的一个，都可在网页中插入相对应的标题标签。

图1.16

2. 段落与换行标签

(1) 段落标签

在设计模式下, 按回车键即可自动添加段落标签 <p></p>。

```
...
<p>花篮的花儿香  听我来唱一唱  唱一唱</p>
<p>来到了南泥湾  南泥湾好地方  好地方</p>
...
```

(2) 换行标签

在设计模式下, 按 Shift+ 回车键, 即可添加换行标签
。

```
...
<p>花篮的花儿香  <br/>听我来唱一唱  唱一唱</p>
<p>来到了南泥湾  <br/>南泥湾好地方  好地方</p>
...
```

活动实施

(1) 打开 Dreamweaver CS6 软件并新建一个 HTML 文档,将新建的 HTML 文档切换至"设计"视图模式, 并以"task1-2.html"为文件名保存。

(2) 在"文档工具栏"的"标题"文本框中, 将"无标题文档"更改为"诗词赏析"。

(3) 单击"格式"→"段落格式"→"标题 1"菜单命令, 如图 1.17 所示, 在文档窗口中插入"标题 1"标签, 输入诗词标题文字。

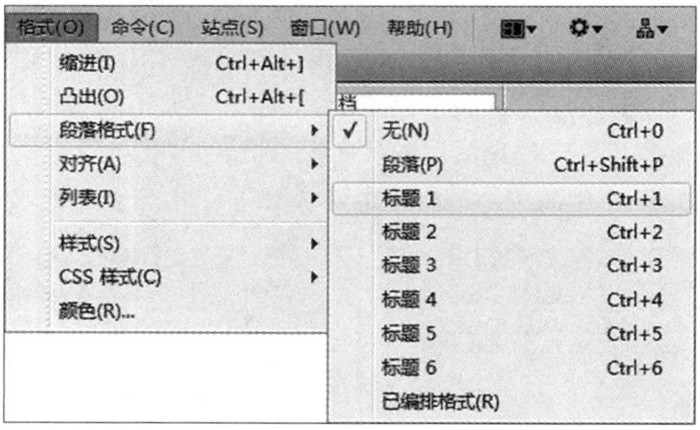

图 1.17

(4) 输入完标题文字后按回车键另起一行, 输入诗词作者, 输入完后再按回车键另起一行。

(5) 单击"格式"→"段落格式"→"标题 3"菜单命令, 输入完第 1 行诗词后, 按 Shift+ 回车键插入换行符, 再输入第 2 行诗词, 效果如图 1.18 所示。

(6) 按回车键另起一行, 输入"译文及注释"文字, 选择输入的"译文及注释"文字, 在"属性"面板"格式"下拉列表框中选择"标题 2", 如图 1.19 所示。

(7) 按回车键另起一行, 输入"译文", 再按回车键另起一行, 输入译文正文部分; 重复上述操作, 完成注释部分的输入操作。注意: 在"凉州词"注释文字的最后按 Shift+ 回车键, 插入换行符后再输入"夜光杯"注释文字部分。

图 1.18

图 1.19

(8) 保存网页文件并在浏览器中浏览网页效果，最终效果如图 1.15 所示。

活动评价

通过本次活动，掌握网页中文字的输入操作，并能够正确设置标题格式，以及在网页中输入文字时使用段落与换行符。

活动 2　对诗词赏析页面进行简单排版

活动要求

如图 1.20 所示，打开"task1-2.html"文件，对诗词赏析页面进行简单的排版操作。

图 1.20

□ 知识窗

1. 粗体标签 <strong></strong>

粗体标签主要用于文字加粗,可以通过以下两种方法给网页文字添加粗体标签。

①在"代码"视图模式中,在需要设置加粗效果的文字两端添加 <strong>…</strong>标签。

②在"设计"视图模式中,选择要设置加粗效果的文字,在"属性"面板中单击"粗体"按钮(快捷键为:Ctrl + B),如图 1.21 所示。

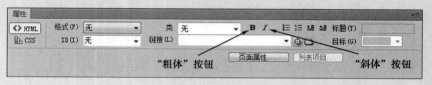

图 1.21

2. 斜体标签 <em></em>

斜体标签主要用于文字倾斜显示,可以通过以下两种方法给网页文字添加斜体标签。

①在"代码"视图模式中,在需要设置倾斜效果的文字两端添加 <em>…</em> 标签。

②在"设计"视图模式中,选择要设置倾斜效果的文字,在"属性"面板中单击"斜体"按钮(快捷键为:Ctrl + I),如图 1.21 所示。

3. 特殊符号

网页中常见的特殊符号见表 1.1。

表 1.1

符号名称	说明
	表示空格
&lt;	表示 < 符号
&gt;	表示 > 符号
&amp;	表示 & 符号
&copy;	表示版权 © 符号

注意:每个符号后面都必须以分号作为结束,不可省略。

4. 水平线标签 <hr />

水平线标签主要用于分隔网页内容,使网页内容显示更清晰。

活动实施

(1) 使用 Dreamweaver CS6 打开"task1-2.html"文件并切换到"设计"视图模式。

(2) 选择诗词作者,在"属性"面板中单击"斜体"按钮,如图 1.21 所示,设置倾斜效果。

(3) 选择"译文"两个字,在"属性"面板中单击"粗体"按钮,如图 1.21 所示,设置加粗效果。使用同样的方法设置其他需要加粗的文字。

(4) 在需要设置缩进的文字前单击鼠标,然后依次单击"插入"→"HTML" →"特殊字符"→"不换行空格"菜单命令 (快捷键为: Ctrl + Shift + 空格),如图 1.22 所示。添加不换行空格使文字缩进,缩进量不够可多添加几个不换行空格,具体效果以浏览器实际显示效果为准。

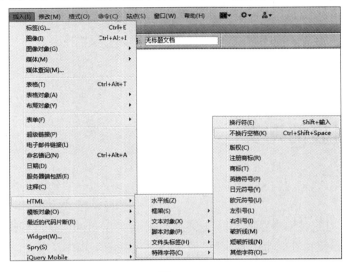

图 1.22

(5) 在文档末尾添加文字"版权所有 2024",然后将光标定位到"2024"的前面,依次单击"插入"→"HTML" →"特殊字符"→"版权"菜单命令,插入版权符号。

(6) 在诗词正文的后面单击鼠标,然后依次单击"插入"→"HTML" →"水平线"菜单命令,插入水平线,如图 1.23 所示。使用同样的方法,在文档末尾的版权信息前插入水平线。

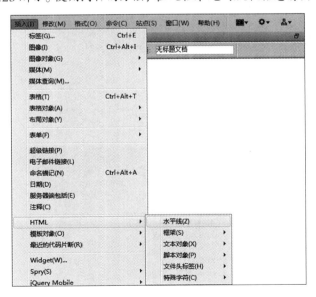

图 1.23

(7) 保存网页文件并在浏览器中浏览网页效果,最终效果如图 1.20 所示。

活动评价

通过本次活动,掌握如何在网页中插入特殊字符、如何插入水平线、如何在网页中添加有效空格,掌握如何通过"属性"面板设置网页中的文字格式,如加粗、斜体等。在通过"属性"面板设置网页中的文字格式时,注意与Word相应功能进行对比。

任务3 ≫≫≫≫≫≫
制作包含列表的网页

情境设计

小白最近在学习的过程中思考,考试试卷能不能使用网页的形式展现出来呢?带着问题,他开始寻求老师的帮助,在老师的指导下,他最终将相关网页制作了出来。

任务分解

本次任务是使用Dreamweaver CS6制作包含列表的网页。要完成该任务,首先要了解项目列表、编号列表与定义列表的使用,然后灵活运行列表制作树形菜单和在线考试试卷。

因此,本任务可以分解为两个活动:使用项目列表制作树形菜单;使用编号列表制作在线考试试卷。

活动1 制作树形菜单

活动要求

如图1.24所示,完成树形菜单的制作,完成后以"task1-3-1.html"为文件名保存。

图1.24

□ 知识窗

1. 项目列表

项目列表，也称无序列表，列表项之间无顺序之分，每个列表项前均有一个项目符号，如图 1.25 所示。

图 1.25

2. 项目列表的设置

项目列表可以通过"属性"面板进行设置，如图 1.26 所示。

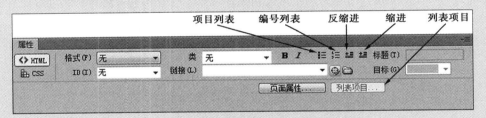

图 1.26

3. 项目列表的类型

项目列表的类型可以通过 type 属性设置列表显示符号的类型，如图 1.27 所示。

- disc：实心圆点。
- square：实心方框。
- circle：空心圆点。

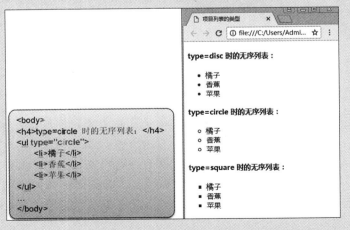

图 1.27

活动实施

(1) 打开 Dreamweaver CS6 软件并新建一个 HTML 文档,将新建的 HTML 文档切换至"设计"视图模式,并以"task1-3-1.html"为文件名保存。

(2) 在"文档工具栏"中的"标题"文本框中,将"无标题文档"更改为"ul-li 多层嵌套制作树形菜单"。

(3) 如图 1.28(a) 所示,在文档窗口中依次输入相应的文字。选择所输入的文字,单击"属性"面板上的"项目列表"按钮,给输入的文字添加项目列表,完成的效果如图 1.28(b) 所示。

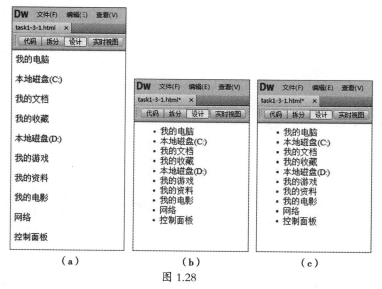

图 1.28

(4) 在任意一个列表项中单击鼠标,然后依次单击"格式"→"列表"→"项目列表"菜单命令,打开"列表属性"对话框,在"样式"下拉列表框中选择"正方形",如图 1.29 所示。然后单击"确定"按钮,完成的效果如图 1.28(c) 所示。

图 1.29

(5) 选择"本地磁盘 (C:)"→"我的文档"→"我的收藏"→"本地磁盘 (D:)"文字,单击"属性"面板上的"缩进"按钮,制作第 2 级列表项,如图 1.30(a) 所示。

(6) 选择"我的文档"与"我的收藏"文字,单击"属性"面板上的"缩进"按钮,制作第 3 级列表项。在"我的文档"文字中单击鼠标,再单击"属性"面板上的"列表项目 ..."按钮,打开"列表属性"对话框,在"样式"下拉列表框中选择"项目符号",然后单击"确定"按钮,完成的效果如图 1.30(b) 所示。

(7) 选择"我的游戏"→"我的资料"→"我的电影"文字,单击"属性"面板上的"缩进"按钮两次,在"我的游戏"文字中单击鼠标,再单击"属性"面板上的"列表项目 …"按钮,打开"列表属性"对话框,在"样式"下拉列表框中选择"项目符号",然后单击"确定"按钮,完成的效果如图 1.30(c)所示。

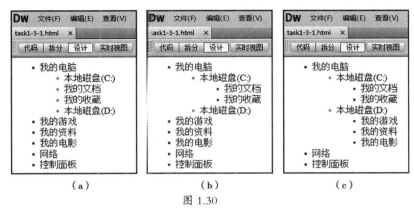

图 1.30

(8) 保存网页文件并在浏览器中浏览网页效果,最终效果如图 1.24 所示。

活动评价

通过本次活动的操作练习,掌握网页制作中项目列表的使用,学会如何将文本转换为项目列表,学会如何通过"属性"面板中的相关工具按钮对项目列表及其类型的设置操作。

活动 2 制作在线考试试卷

活动要求

如图1.31所示,完成在线考试试卷的制作,完成后以"task1-3-2.html"为文件名保存。

图1.31

◻ 知识窗

1. 编号列表

编号列表，也称有序列表，以数字或字母作为列表项符号，如图 1.32 所示。

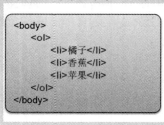

图 1.32

2. 编号列表的类型

编号列表的类型可以通过 type 属性设置列表显示编号的类型，如图 1.33 所示。

- 1：数字。
- A：大写英文。
- a：小写英文。
- i：小写罗马字符。
- I：大写罗马字符。

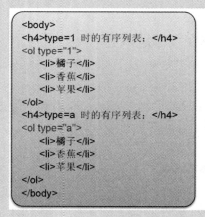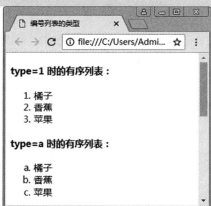

图 1.33

活动实施

(1) 打开 Dreamweaver CS6，新建一个 HTML 文档，将新建的 HTML 文档切换至"设计"视图模式，并以"task1-3-2.html"为文件名保存。

(2) 在"文档工具栏"的"标题"文本框中，将"无标题文档"更改为"在线考试试卷"。

(3) 在文档窗口中输入在线考试试卷的名称"DreamWeaver 在线考试试题"，选择输入的文字，在"属性"面板的"格式"下拉列表框中选择"标题 1"，完成在线考试试卷名称的制作。

(4) 如图 1.34(a) 所示, 在文档窗口中输入在线考试试卷的题干。选择所输入的文字, 单击"属性"面板上的"编号列表"按钮添加编号, 完成题干的制作, 效果如图 1.34(b) 所示。

图 1.34

(5) 在第 1 题题干的后面单击鼠标左键后按回车键,输入第 1 题的 4 个答案选项,如图 1.35(a) 所示。选择第 1 题的所有选项, 单击"属性"面板上的"缩进"按钮。在任意一个选项中单击鼠标左键, 然后单击"属性"面板上的"列表项目 ..."按钮, 打开"列表属性"对话框, 在"样式"下拉列表框中选择"大写字母 (A, B, C...)", 如图 1.36 所示。然后单击"确定"按钮, 完成的效果如图 1.35(b) 所示。

图 1.35

图 1.36

(6) 按照第 5 步的操作完成其他各题的答案选项制作,完成后保存文件并在浏览器查看效果,最终效果如图 1.31 所示。

活动评价

通过本次活动的练习，掌握网页制作中编号列表的使用，学会如何将文本或者项目列表转换为编号列表，学会如何通过“属性”面板中的相关工具对编号列表及其类型的设置操作。

项目小结

通过本项目的学习，我们掌握了网页设计制作的入门知识，如站点的创建与修改，文本及特殊符号的插入，文本格式的设置，项目列表与编号列表的使用。经过学习，我们学会了文字网页的制作，为后续知识的学习打下基础。

项目检测

操作题

(1)参照所给的效果图文件完成网页“春”的制作，完成后以“lx1-3-1.html”为文件名保存，参考效果如图1.37所示。

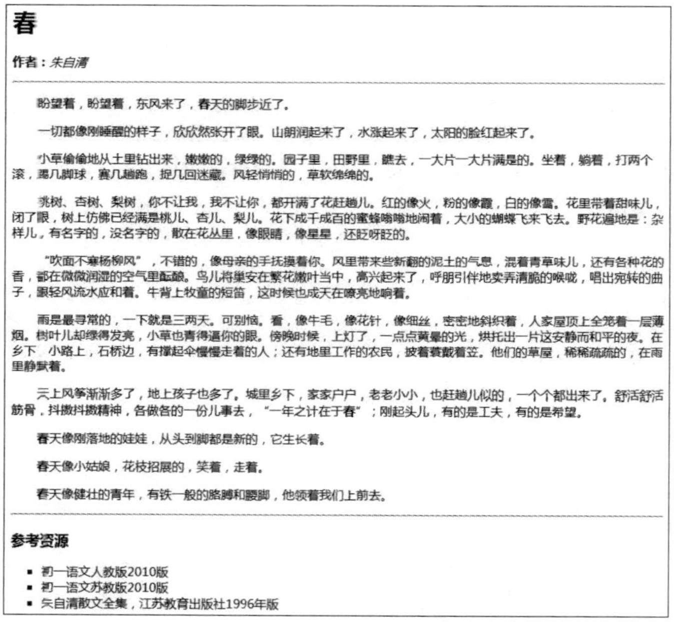

春

作者：*朱自清*

盼望着，盼望着，东风来了，春天的脚步近了。

一切都像刚睡醒的样子，欣欣然张开了眼。山朗润起来了，水涨起来了，太阳的脸红起来了。

小草偷偷地从土里钻出来，嫩嫩的，绿绿的。园子里，田野里，瞧去，一大片一大片满是的。坐着，躺着，打两个滚，踢几脚球，赛几趟跑，捉几回迷藏。风轻悄悄的，草软绵绵的。

桃树、杏树、梨树，你不让我，我不让你，都开满了花赶趟儿。红的像火，粉的像霞，白的像雪。花里带着甜味儿，闭了眼，树上仿佛已经满是桃儿、杏儿、梨儿。花下成千成百的蜜蜂嗡嗡地闹着，大小的蝴蝶飞来飞去。野花遍地是：杂样儿，有名字的，没名字的，散在花丛里，像眼睛，像星星，还眨呀眨的。

“吹面不寒杨柳风”，不错的，像母亲的手抚摸着你。风里带来些新翻的泥土的气息，混着青草味儿，还有各种花的香，都在微微润湿的空气里酝酿。鸟儿将巢安在繁花嫩叶当中，高兴起来了，呼朋引伴地卖弄清脆的喉咙，唱出宛转的曲子，跟轻风流水应和着。牛背上牧童的短笛，这时候也成天在嘹亮地响着。

雨是最寻常的，一下就是三两天。可别恼。看，像牛毛，像花针，像细丝，密密地斜织着，人家屋顶上全笼着一层薄烟。树叶儿却绿得发亮，小草也青得逼你的眼。傍晚时候，上灯了，一点点黄晕的光，烘托出一片这安静而和平的夜。在乡下 小路上，石桥边，有撑起伞慢慢走着的人；还有地里工作的农民，披着蓑戴着笠。他们的草屋，稀稀疏疏的，在雨里静默着。

天上风筝渐渐多了，地上孩子也多了。城里乡下，家家户户，老老小小，也赶趟儿似的，一个个都出来了。舒活舒活筋骨，抖擞抖擞精神，各做各的一份儿事去，“一年之计在于春”；刚起头儿，有的是工夫，有的是希望。

春天像刚落地的娃娃，从头到脚都是新的，它生长着。

春天像小姑娘，花枝招展的，笑着，走着。

春天像健壮的青年，有铁一般的胳膊和腰脚，他领着我们上前去。

参考资源

- 初一语文人教版2010版
- 初一语文苏教版2010版
- 朱自清散文全集，江苏教育出版社1996年版

图 1.37

(2)参照所给的效果图文件完成“从天而降的幸运”图书介绍网页的制作，完成后以“lx1-3-2.html”为文件名保存，参考效果如图1.38所示。

从天而降的幸运

当 当 价：¥14.10

定　　价：¥19.80

库　　存：*有货*，可送至全国

作　　者：(美)特内奇

出 版 社：云南出版集团公司 晨光出版社

出版时间：2014年01月

内容简介

　　《长青藤国际大奖小说：从天而降的幸运》讲述了一个勇敢机智的11岁女孩，与好朋友组建侦探所，侦破小镇长达11年的谜案的故事。过完这个暑假，女孩摩就要上6年级了。11年前，她在一场飓风中被大水冲到了图珀洛镇，由镇上咖啡馆的店主——拉娜小姐和一个自称为上校的失忆男子收养。为了帮助摩寻找"河流上游的妈妈"，小镇所有的人外出时都会帮她放下一个漂流瓶。在这个只有148口人的小镇，到处充满了温情和惬意，谁也没有想到这里居然会发生谋杀案——一个平常不太引人注目的中年男人被杀害了，紧接着上校失踪、拉娜小姐被娜，小镇的生活一下子翻天覆地。勇敢而机灵的摩与好朋友戴尔组成了"绝命徒侦探所"，誓要揪出凶手，保护自己的家人。最终，她会揭开谜底，救回拉娜小姐吗？上校能不能恢复记忆，找出关键的秘密？摩又能不能找到"河流上游的妈妈"呢？她还会像以前一样幸运吗？

作者简介

　　帮拉·特内奇，美国当代著名作家。她住在美国北卡罗来纳州的一个农场上，养了一条瞌睡的狗和一只坏脾气的猫。作为一个土生土长的北卡州人，她把大量的时间都花在抒写北卡州乡村的诗意和幽默之上。她写文章，写诗，享受着写作关于南方尤其是关于北卡州的一切。《从天而降的幸运》是她为孩子们写作的第一本书，为她赢得了包括纽伯瑞儿童文学奖在内的多项重量级文学奖。

目录

1. 图珀洛镇的麻烦
2. 上校
3. 三日之规
4. 拉文德的车库
5. 北卡罗来纳赛道
6. 门窗紧闭
7. 绝命徒侦探所
8. 拉娜小姐
9. 表兄妹消息网
10. 烟草棚
11. 寻找凶器
12. 犯罪现场禁令
13. 别叫我宝贝
14. 副探长玛拉

Copyright © 当当网 2004-2018, All Rights Reserved.

图 1.38

(3)参照所给的效果图文件完成"网上公益"网页的制作，完成后以 "lx1-3-3.html"为文件名保存，参考效果如图1.39所示。

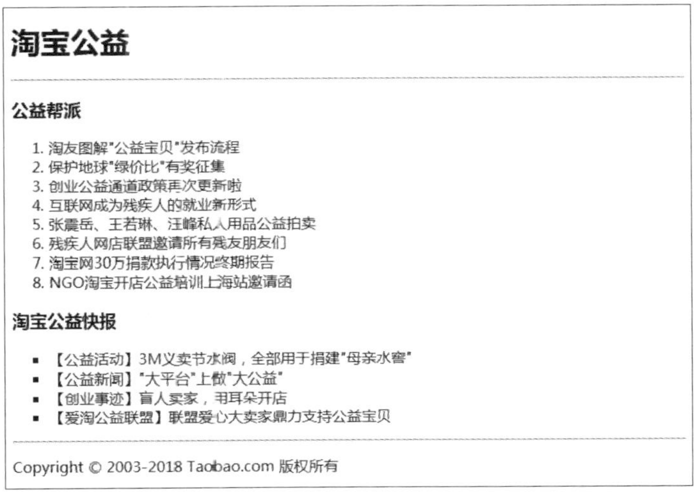

淘宝公益

公益帮派

1. 淘友图解"公益宝贝"发布流程
2. 保护地球"绿价比"有奖征集
3. 创业公益通道政策再次更新啦
4. 互联网成为残疾人的就业新形式
5. 张震岳、王若琳、汪峰私人用品公益拍卖
6. 残疾人网店联盟邀请所有残友朋友们
7. 淘宝网30万捐款执行情况终期报告
8. NGO淘宝开店公益培训上海站邀请函

淘宝公益快报

- 【公益活动】3M义卖节水阀，全部用于捐建"母亲水窖"
- 【公益新闻】"大平台"上做"大公益"
- 【创业事迹】盲人卖家，用耳朵开店
- 【爱淘公益联盟】联盟爱心大卖家鼎力支持公益宝贝

Copyright © 2003-2018 Taobao.com 版权所有

图 1.39

(4)参照所给的效果图文件完成"在线词典"网页的制作，完成后以"lx1-3-4.html"为文件名保存，参考效果如图1.40所示。

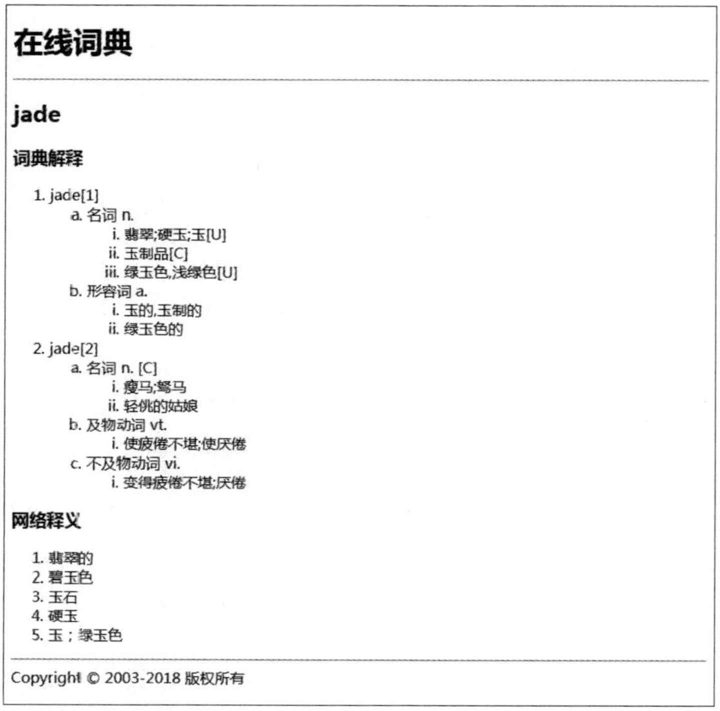

在线词典

jade

词典解释

1. jade[1]
   - a. 名词 n.
     - i. 翡翠;硬玉;玉[U]
     - ii. 玉制品[C]
     - iii. 绿玉色,浅绿色[U]
   - b. 形容词 a.
     - i. 玉的,玉制的
     - ii. 绿玉色的
2. jadə[2]
   - a. 名词 n. [C]
     - i. 瘦马;驽马
     - ii. 轻佻的姑娘
   - b. 及物动词 vt.
     - i. 使疲倦不堪;使厌倦
   - c. 不及物动词 vi.
     - i. 变得疲倦不堪;厌倦

网络释义

1. 翡翠的
2. 碧玉色
3. 玉石
4. 硬玉
5. 玉；绿玉色

Copyright © 2003-2018 版权所有

图 1.40

项目 2
制作包含图片与超链接的网页

□ 项目综述

一张生动、美观的网页除了文本内容以外，还应包含各种丰富多彩的网页元素，如图片、音频、视频、动画等，它们具有直观、生动、具体的特点，是网页重要的视觉、听觉要素，能表达文字无法描述的内容，吸引更多用户浏览。此外，网站通常是由多个相互关联的网页组成的一个系统，并不是独立的，因此，我们还需要掌握如何使用超链接工具将各个网页文件连接起来。

小白在学习了文本网页的相关知识后，继续学习如何制作更生动、美观的多媒体网页，为以后的深入学习奠定基础。

□ 项目目标

知识目标
◇掌握网页中图片的使用方法。
◇掌握如何在网页中添加音频、视频、动画。
◇了解超链接的分类。
◇掌握制作文本、图片热点链接的方法。
◇理解和建立命名锚记超链接。

能力目标
◇会制作图文混排网页。
◇会制作多媒体网页。
◇会制作包含超链接的网页。

素质目标
◇培养学生善于发现问题、分析问题、解决问题的能力。
◇培养学生主动学习、自主探究的钻研精神。
◇培养学生严谨、踏实、细致的工作态度。
◇培养学生互助，协作的团队精神和沟通能力。

项目思维导图

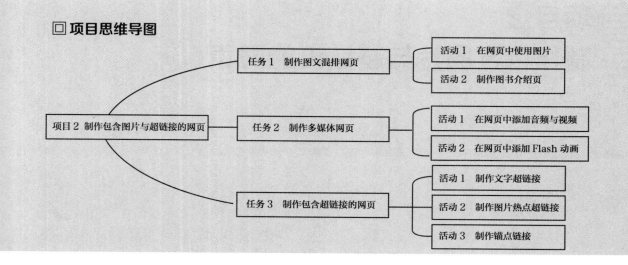

任务1 »»»»»»
制作图文混排网页

情境设计

小白已经初步学习了网页设计与制作的基础知识，制作的网页中包含许多文本内容，看上去不够美观，老师告诉他这是因为使用的网页元素太单一，可以尝试添加适当的图片美化网页。于是，在老师的建议和帮助下，小白开始学习在网页中添加与编辑图片的相关知识，制作图文混排的网页。

任务分解

本次任务是使用Dreamweaver CS6制作图文混排的网页，要完成该任务必须先掌握在网页中使用图片的常见方法，然后学会对网页图片进行编辑处理，最后学会对网页中的文本与图片进行简单排版。

因此，本任务可以分解为两个活动：在网页中使用图片；制作图书介绍页。

活动1 在网页中使用图片

活动要求

(1)创建一个名称为"项目2-1"的本地站点，本地站点文件夹为D盘下的"Task2-1"文件夹，默认图像文件夹路径设置为D：\Task2-1\images。

(2)如图2.1所示,新建一个网页文件,输入文字、添加图片和各种图像对象并设置网页的背景,最后将网页文件以"task2-1-1.html"为文件名保存到"项目2-1"站点根目录下。

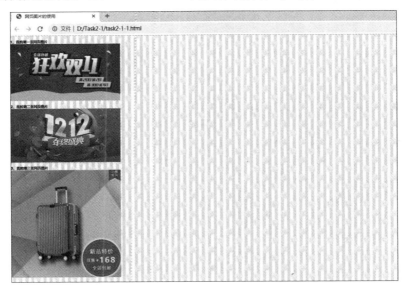

图 2.1

回 知识窗

1. 直接添加图片

图片在网页中的第1种使用方法是直接添加。网页中能添加的图片文件格式比较多,常见的格式有以下 3 种(见图 2.2):

•JPG(Joint Photographic Experts Group,联合图像专家组)是一种高效压缩的图片格式,其优点是颜色丰富,文件容量小,下载速度快,缺点是不具透明效果。

•GIF(Graphics Interchange Format,可交换的图像格式)是目前大量使用的网页图片格式之一,其优点是文件容量小,可以透明显示,还可以支持动画,缺点是表现的颜色比 JPG 格式少得多。

•PNG(Portable Network Graphics,便携网络图像)结合了 JPG 和 GIF 的优点,不仅具有 JPG 处理精美图片的优势,而且具有 GIF 能透明显示的特点,因此应用较广泛,逐渐成为网页图片的主要格式。

图2.2

2. 插入图像占位符

图片在网页中的第 2 种使用方法是插入图像占位符。在网页文档中添加图片时，如果图片不确定或者还没设计出来，但可以确定图片的位置、尺寸时，可以先在该位置上插入临时的"图像占位符"进行占位，如图 2.3 所示；然后等图片确定后再进行替换，如图 2.4 所示。

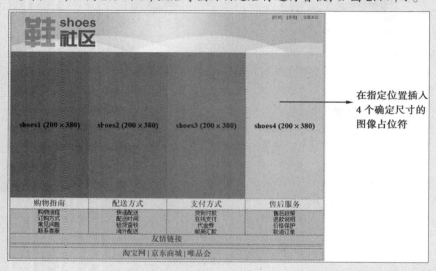

图 2.3

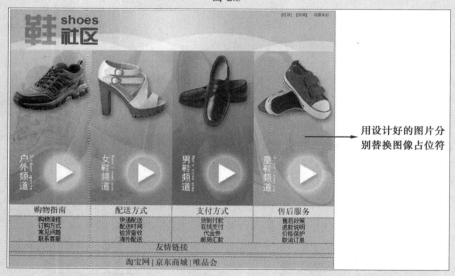

图 2.4

3. 创建鼠标经过图像

图片在网页中的第 3 种使用方法是创建鼠标经过图像。鼠标经过图像由原始图像和鼠标经过图像两部分组成，当鼠标光标在图片范围之外时显示原始图像；当鼠标光标经过图片时显示鼠标经过图像，在"替换文本"文本框中输入文本，同时，单击"按下时，前往的 URL"文本框后面的"浏览"按钮，在打开的对话框中选择链接路径或直接在文本框中输入 URL，如图 2.5 所示。

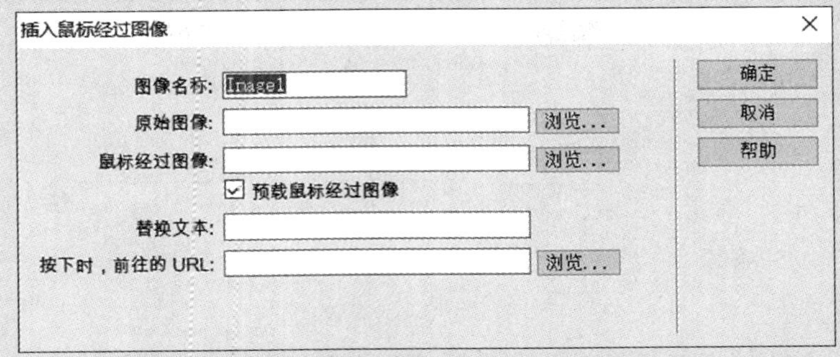

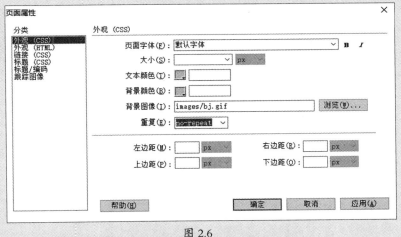

图 2.5

4. 将图片设置为网页的背景

图片在网页中的第 4 种使用方法是将图片设置为网页的背景。依次单击"修改"→"页面属性"菜单命令 (或按 Ctrl+J 键)，选择一张图片作为网页的背景，如图 2.6 所示，其中"重复"选项分为以下 4 种：

• no-repeat：图片作为网页背景不重复只显示 1 次。

• repeat：图片作为网页背景在 x 轴、y 轴即水平、垂直方向重复显示，为默认选项。

• repeat-x：图片作为网页背景在 x 轴即水平方向重复显示。

• repeat-y：图片作为网页背景在 y 轴即垂直方向重复显示。

图 2.6

活动实施

(1) 打开 Dreamweaver CS6 软件，依次单击"站点"→"新建站点"菜单命令，在打开的"站点设置对象"对话框中设置站点名称为"项目 2-1"，单击"本地站点文件夹"文本框后面的"浏览文件夹"按钮，在打开的对话框中选择 D 盘，然后在 D 盘新建一个文件夹"Task2-1"，如图 2.7 所示。

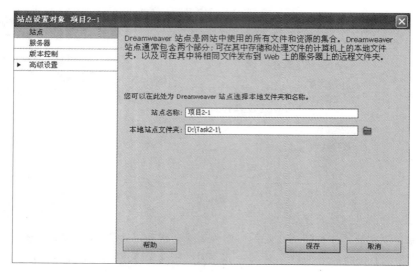

图 2.7

(2) 单击"高级设置"→"本地信息"选项,单击"默认图像文件夹"文本框后面的"浏览文件夹"按钮,定位到 D 盘的"Task2-1"文件夹,在"Task2-1"文件夹中再新建一个子文件夹"images",以后网页中添加的图片都会自动保存在"images"文件夹中,最后单击"保存"按钮即可,如图 2.8所示。

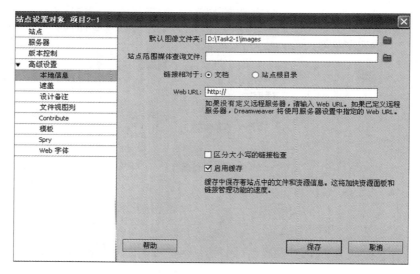

图 2.8

(3) 新建一个 HTML 文档,将新建的 HTML 文档切换至"设计"视图模式,并以"task2-1-1.html"为文件名保存。

(4) 在"文档工具栏"中的"标题"文本框中,将"无标题文档"更改为"网页图片的使用"。

(5) 在文档窗口中输入相应的文字,并将输入的文字设置为"标题 3"格式,按 Shift+ 回车键换行,单击"插入"→"图像"菜单命令 (或单击"常用"工具栏中的"图像"按钮,或按组合键Ctrl+Alt+I),如图 2.9 所示。

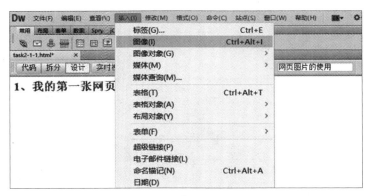

图 2.9

(6) 在"选择图像源文件"对话框的查找范围中选择图片所在的位置,图片素材为"Chapter02\素材文件 \ 任务 1\ 活动 1\ 双 11.jpg",点选需要插入的图片,如图 2.10 所示。

图 2.10

(7) 在弹出的"图像标签辅助功能属性"对话框中补充信息,单击"确定"按钮即可。其中"替换文本"的作用是当浏览网页时图片不能正常显示或者当鼠标移动到图片时显示的提示文本,"详细说明"文本框可输入图片的详细路径及名称,方便网页开发者查阅、修改,如图 2.11 所示。

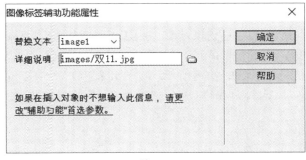

图 2.11

(8) 在图片的最右侧按回车键,输入相应的文字,并将文字设置为"标题 3"格式,按 Shift+

回车键换行,单击"插入"→"图像对象"→"图像占位符"菜单命令(或单击"常用"工具栏中的"图像占位符"按钮),输入名称、宽度、高度,设置颜色和替换文本,再单击"确定"按钮,如图 2.12 所示。

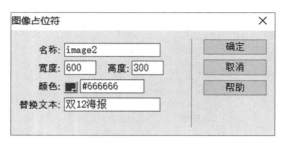

图 2.12

(9) 图像占位符上显示了图片的名称以及大小,在图像占位符的区域内双击左键,在对话框的查找范围中选择图片所在的文件夹,点选需要插入的图片即可替换图像占位符,图片素材为"Chapter02\ 素材文件 \ 任务 1\ 活动 1\ 双 12.jpg",如图 2.13 所示。

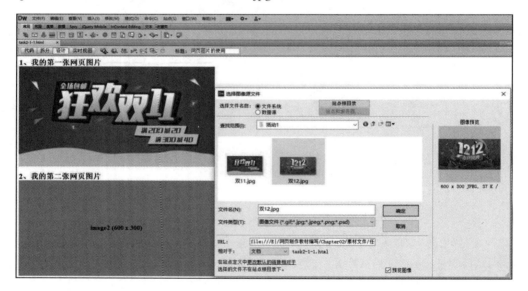

图 2.13

(10) 在第 2 张图片的最右侧按回车键,输入相应的文字,并将文字设置为"标题 3"格式,按 Shift+ 回车键换行。单击"插入"→"图像对象"→"鼠标经过图像"菜单命令(或单击"常用"工具栏中的"鼠标经过图像"按钮),在弹出的对话框中设置"原始图像"和"鼠标经过图像"的图片,图片素材为"Chapter02\ 素材文件 \ 任务 1\ 活动 1\"目录下的"行李箱 .jpg 和女包 .jpg";然后再设置"替换文本"和"按下时,前往的 URL"两个选项,最后单击"确定"按钮即可,如图 2.14 所示。

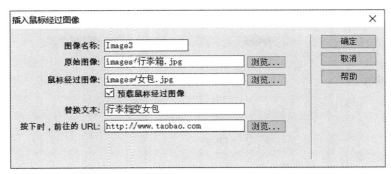

图 2.14

(11) 单击"修改"→"页面属性"菜单命令(或者按快捷键 Ctrl+J),在弹出的"页面属性"对话框中单击"背景图像"后面的"浏览"按钮;在"选择图像源文件"对话框中找到要设为背景的图片文件;图片素材为"Chapter02\素材文件\任务1\活动1\网页背景.jpg",并单击"确定"按钮,如图 2.15 所示。

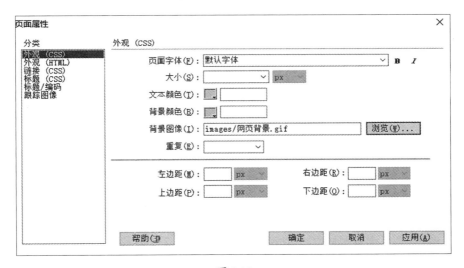

图 2.15

(12) 保存网页文件并在浏览器中浏览网页效果,最终效果如图 2.1 所示。

活动评价

在制作网页过程中,要注意选取具有代表性、较清晰、大小适宜的图片。如果图片素材还没确定,可以采用图像占位符预留出位置,鼠标经过图像尽量选取两张大小基本一致的图片,将图片设置为网页的背景时可以选取一张较小、可重复的图片加快网页打开的速度。

活动2　制作图书介绍页

活动要求

如图2.16所示,完成图书介绍网页的制作,完成后以"task2-1-2.html"为文件名保存到

"项目2-1" 站点的根目录下。

图 2.16

□ 知识窗

1. 图片的 HTML 标签

图片的 HTML 标签如图 2.17 所示。

```
<img src="images/图书.png" width="350" height="430" alt="水浒传"
align="left" hspace="30" vspace="5" />
```

图 2.17

- "img" 代表图片, 是单标签。
- "src" 代表图片的存放路径。
- "alt" 代表替换文本, 用来设置当前鼠标移到图片上时所显示的提示文本。
- "width" 代表图片的宽度, 默认单位是像素。
- "height" 代表图片的高度, 默认单位是像素。
- "align" 代表图片的对齐方式, 常见的值可以设置为: top(顶端)、bottom(底部)、middle(中间)、left(左对齐)、right(右对齐)。
- "hspace" 代表图片左侧和右侧的水平边距, 默认单位是像素。
- "vspace" 代表图片顶部和底部的垂直边距, 默认单位是像素。

2. 图片的简单编辑

网页中的图片除了可以通过 HTML 标签进行设置以外, 也可以通过属性栏中各个选项进行处理, 同时还有一些内置工具可以对图片进行简单编辑, 如图 2.18 所示。

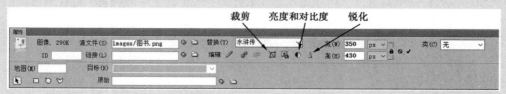

图 2.18

•裁剪:先选中图像,再单击⬚按钮,在弹出的对话框中单击"确定"按钮,图片上会出现选框,选框以外的区域是被裁剪掉的,用鼠标拖动选框的控点可以调整大小。
•亮度和对比度:单击后,在出现的对话框中拖动滑块可以调整图片的明暗以及对比度。
•锐化:可使图片的棱角更加分明,增加图片的清晰度。

活动实施

(1) 打开 Dreamweaver CS6 软件并新建一个 HTML 文档,将新建的 HTML 文档切换至"设计"视图模式, 并以"task2-1-2.html"为文件名保存到"项目 2-1"的站点根目录下。

(2) 在"文档工具栏"中的"标题"文本框中,将"无标题文档"更改为"图书简介"。

(3) 在文档窗口中输入文字"图书简介",选择文字,在"属性"面板的"格式"下拉列表框中选择"标题 1"。

(4) 按回车键插入一张图片 (素材为"Chapter02\ 素材文件 \ 任务 1\ 活动 2\ 图书 .png"),输入"替换文本"和"详细说明"。

(5) 用鼠标点击选中图片, 在"属性"面板中锁定尺寸约束, 将图片的宽设置为 350 px, 如图 2.19 所示。

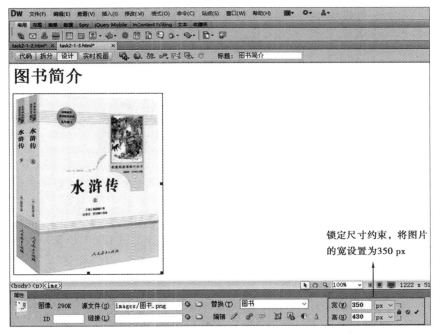

图 2.19

(6) 将光标定位在图片右侧按回车键, 输入相应文本, 冒号前的文字加粗 (快捷键"Ctrl+B"), 选中所有文字, 然后单击"属性"面板上的"项目列表"按钮,"格式"选择"段落", 如图 2.20 所示。

图 2.20

(7) 鼠标选中图片右击，在弹出的快捷菜单中选择"对齐"→"左对齐"，如图 2.21 所示。

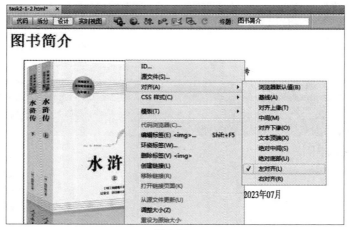

图 2.21

(8) 观察和调整图片与文字的距离，鼠标选中图片右击，在弹出的快捷菜单中选择"编辑标签 <img>"，在弹出的"标签编辑器 -img"对话框中设置"水平边距"和"垂直边距"的值，如图 2.22 所示。

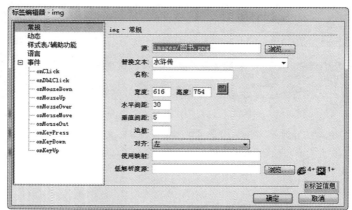

图2.22

(9) 保存网页文件并在浏览器中浏览网页效果,最终效果如图 2.16 所示。

活动评价

初学者制作图文混排的网页时,要学会对图片进行简单的大小、亮度、锐度等调整,同时注意调整图片和文字的对齐方式。对于文字、图片较多的复杂网页,还需要在后面学习表格、DIV、CSS等美化排版网页的知识。

任务2 》》》》》》》》
制作多媒体网页

情境设计

小白平时喜欢听音乐、看电影、看动画,浏览某些网页时经常听到动听的音乐,看到精彩的视频,这些音频、视频、动画文件让网页更炫酷,能更好地突出网站的主题氛围。于是,小白马上请教老师,学习制作多媒体网页的知识。

任务分解

本次的任务是使用Dreamweaver CS6在网页中添加背景音乐、以插件形式添加音频、添加与设置视频文件和Flash动画文件。要完成该任务,需要了解这些多媒体文件的常见格式、相关HTML标签以及添加方法。

因此,本任务可以分解为两个活动:在网页中添加音频与视频;在网页中添加Flash动画。

活动1　在网页中添加音频与视频

活动要求

(1)创建一个名称为"项目2-2"的本地站点,本地站点文件夹为D盘下的"Task2-2"文件夹,默认图像文件夹路径设置为D:\Task2-2\images。

(2)如图2.23所示,完成音乐页面的制作,完成后以"task2-2-1.html"为文件名保存到"项目2-2"的站点根目录下。

图 2.23

知识窗

1. 网页中常用的音频文件格式

•MP3 格式：是一种压缩格式，能以较小的比特率、较大的压缩比达到类似 CD 的音质，网页中如果需要播放 MP3 文件，用户需要安装必要插件，如 QuickTime、Windows Meadia Player。

•WAV 格式：具有较好的声音品质，大多数浏览器都支持此格式，因此不要求安装插件。但 WAV 文件一般容量比较大，在网页制作中受到一定限制，必要时可以将 WAV 格式转化为 MP3 格式进行压缩。

•MIDI 格式：一般用于乐器类的音频文件，大多数浏览器都支持此格式，不要求安装插件。MIDI 文件不能录制并且必须使用特殊的硬件和软件在计算机上进行合成。

2. 网页中添加音频文件的方法

在网页中添加音频文件的方法有两种：一种是背景音乐，另一种是插件形式。

(1) 为网页添加背景音乐

音频文件可以以背景音乐的形式添加到网页中，在预览网页时背景音乐会自动播放，其 HTML 标签如图 2.24 所示。

```
<bgsound src="茉莉花纯音乐.mp3" loop="-1" />
```

图 2.24

•"bgsound" 代表背景音乐，是单标签。

•"src" 代表音频文件的存放路径。

•"loop"代表音频文件循环播放的次数，可以输入具体数值。例如数值等于"3"代表音频文件会播放 3 次随后停止；如果数值等于"-1"代表无限循环播放。

(2) 通过插件添加音频

使用 Dreamweaver CS6 还可以以插件的方法在网页文档中添加音频，在预览页面中会出现一个播放控件，通过该控件可以进行暂停、播放、停止、调整音量等操作，其 HTML 标签如图 2.25 所示，网页预览效果如图 2.26 所示。

```
<embed src="我和我的祖国.mp3" width="500" height="65" autostart="true"></embed>
```

图 2.25

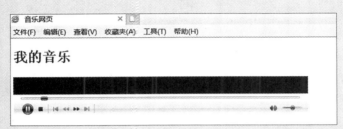

图 2.26

•"embed"代表插件，是双标签。

•"src"代表音频文件的存放路径。

•"width"代表音频控件的宽度，默认单位是像素。

•"height"代表音频控件的高度，默认单位是像素。

•"autostart"代表浏览网页时音频文件是否会自动播放。如果值等于"true"，那么音频文件会自动播放；如果值等于"false"，那么音频文件不会自动播放，需要手动播放；默认情况下，"autostart"的值为"true"，音频文件会自动播放。

3. 网页中添加视频文件的方法

浏览器可以播放的视频格式有 MP4、MOV、AVI、FLV 等，可以通过插件方式添加视频，其添加方法与音频类似。

此外，有 FLV 是 Flash 的视频文件，在网页中以 SWF 组件显示，将光标移至要插入 FLV 视频的位置。选择"插入"→"媒体"中的 FLV 命令，打开"插入 FLV"对话框，分为两种视频类型，主要区别如下：

•累进式下载视频：将 FLV 文件下载到网页浏览者的硬盘上，然后进行播放，如图 2.27 所示。

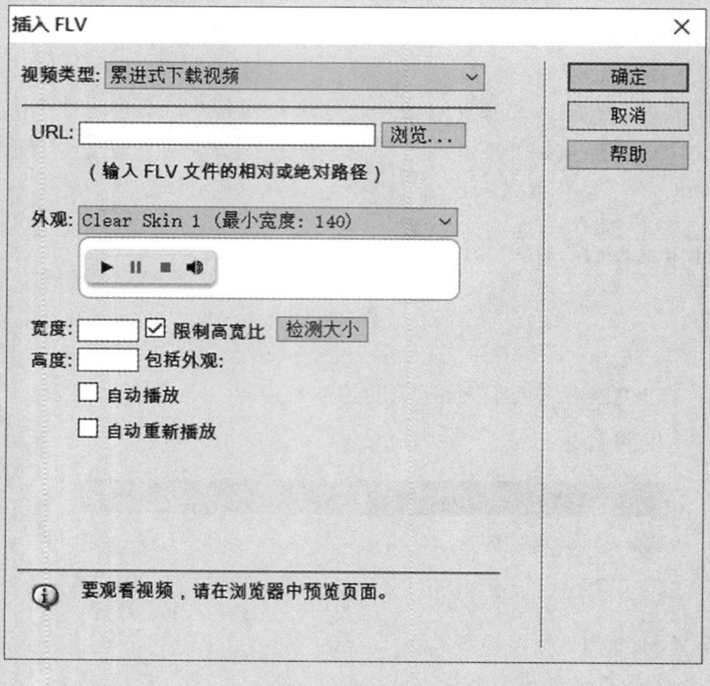

图 2.27

• 流视频：对 FLV 视频内容进行流式处理，缓冲一定时间确保流畅后在网页上播放该部分内容，如图 2.28 所示。

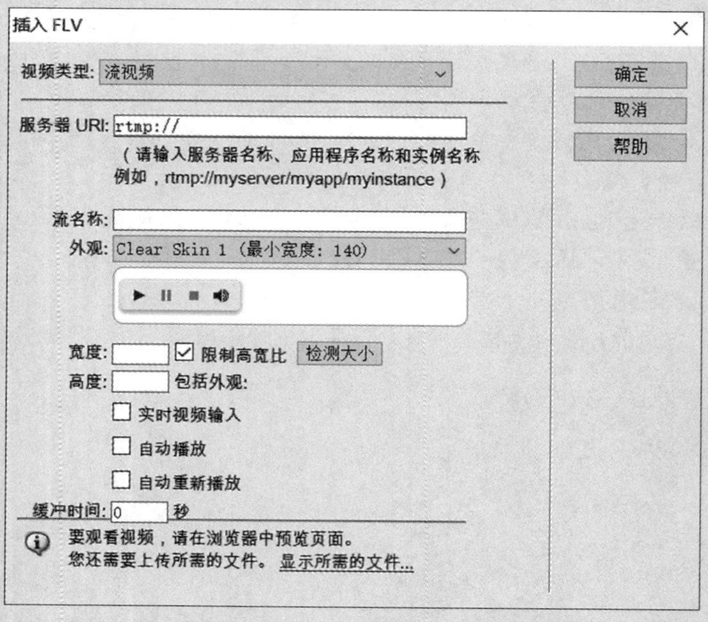

图 2.28

活动实施

(1) 打开 Dreamweaver CS6 软件并新建一个 HTML 文档,将新建 HTML 文档切换至"设计"视图模式,并以"task2-2-1.html"为文件名保存到站点为"项目 2-2"的站点根目录下。

(2) 在"文档工具栏"的"标题"文本框中,将"无标题文档"更改为"音乐网页"。

(3) 将光标定位在网页的空白处,依次单击"插入"→"标签"菜单命令,打开"标签选择器"对话框,选择"HTML 标签"选项,再选择"页面元素"选项,然后在右侧的列表中选择"bgsound"选项,单击"插入"按钮,如图 2.29 所示。

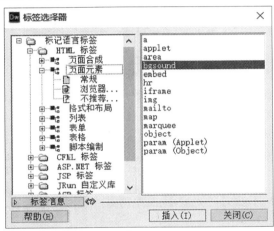

图 2.29

(4) 在弹出的"标签编辑器 -bgsound"对话框中,单击"源"选项后的"浏览"文件夹按钮,选择音频文件 (素材为"Chapter02\ 素材文件 \ 任务 2\ 活动 1\ 茉莉花纯音乐 .mp3"),在弹出的"您愿意将该文件复制到根文件夹中吗?"对话框中单击"是"按钮,如图 2.30 所示。

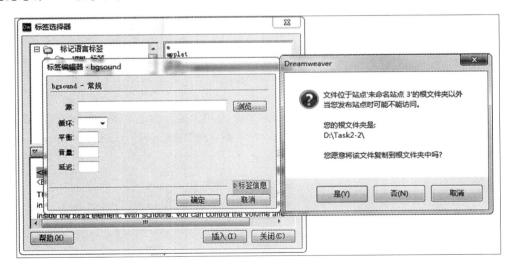

图 2.30

(5) 在"循环"下拉列表中选择"-1)"选项,单击"确定"按钮,返回"标签选择器"对话框,单击"关闭"按钮即可完成背景音乐的添加,如图 2.31 所示。

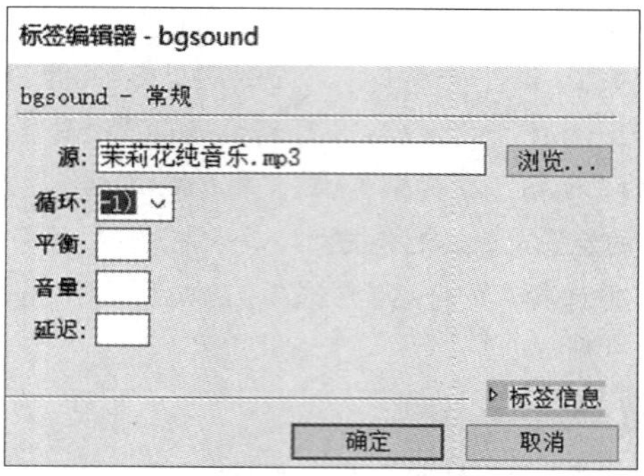

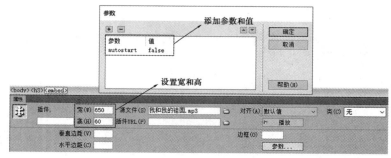

图 2.31

(6) 切换回"设计视图",第一行文字"我的音乐",文字格式为"标题2",按回车键添加一张文件名为"祖国.jpg"图片,按 Shift+ 回车键换行,依次单击"插入"→"媒体"→"插件"菜单命令,找到一个名字为"我和我的祖国.mp3"音频文件,素材都在"Chapter02\ 素材文件 \ 任务2\ 活动 1"文件夹中,如图 2.32 所示。

图 2.32

(7) 选中插入的音频控件,在"属性"面板中设置"宽"为"650","高"为"60",点击"参数"选项,在弹出的对话框中单击"+"按钮,添加"参数"为"autostart","值"为"false",如图 2.33所示。

图 2.33

(8) 在音频控件的右侧按回车键,输入文字"我的视频",文字格式为"标题 2",再按回车键,依次单击"插入"→"媒体"→"FLV"菜单命令,如图 2.34 所示。

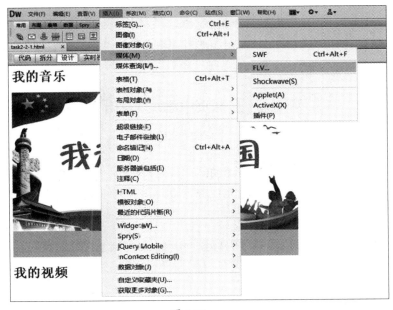

图 2.34

(9) 弹出"插入 FLV"对话框,在"视频类型"下拉列表框中选择"累进式下载视频","URL"选项后单击"浏览"按钮找到名字为"北京欢迎你 .flv"视频文件,素材在"Chapter02\ 素材文件 \ 任务 2\ 活动 1"文件夹中,单击"检测大小"按钮,如图 2.35 所示。

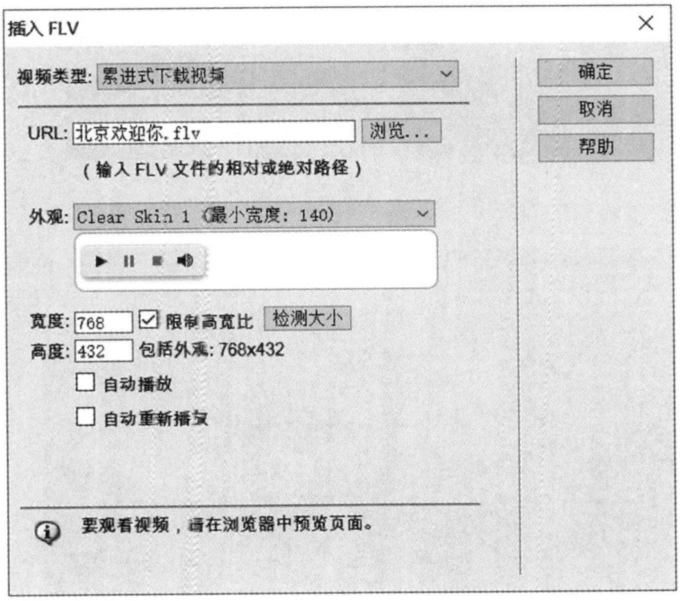

图 2.35

(10) 保存网页文件并在浏览器中浏览网页效果,其中背景音乐会自动播放,以插件方式添加的音乐和 FLV 视频文件单击"播放"按钮播放，最终效果如图 2.23 所示。

活动评价

通过该活动，同学们掌握了制作丰富多彩的多媒体网页技术，网页中不仅有文字、图片，而且还有令人赏心悦目的音频、视频，但添加过程中要注意文件格式、大小、浏览器兼容性等问题，保证网页能正常浏览。

活动 2　在网页中添加 Flash 动画

活动要求

如图2.36、图2.37所示，完成Flash动画和设置SWF文件透明背景效果页面的制作，完成后分别以"task2-2-2.html""task2-2-3.html"为文件名保存到站点为"项目2-2"的"Task2-2"根文件夹中。

图 2.36

图 2.37

□ 知识窗

　　在 Dreamweaver CS6 中, Flash 动画将声音、图像和动画等内容加入一个文件中, 能制作出炫酷的动画效果, 而且文件容量较小, 是网页制作中最流行的多媒体插件之一。Flash 动画主要有两种格式:

　　① .fla 格式: Flash 软件创建的源文件, 只能在 Flash 软件中打开和编辑, 不能在 Dreamweaver 或浏览器中打开。要在 Dreamweave 中添加 Flash 动画, 需要在 Flash 软件中将 Flash 源文件导出为 .swf 格式的文件。

　　② .swf 格式: Flash 软件导出的电影文件, 可以在浏览器中播放, 也可以在 Dreamweaver 中预览, 但不能进行编辑。.swf 格式文件可以用 Adobe Flash Player 打开, 浏览器必须安装 Adobe Flash Player 插件。在 Dreamweaver CS6 中, 其主要属性如图 2.38 所示。

图 2.38

- Flash ID: 可以输入 SWF 影片文件唯一的名称。
- 宽和高: 默认单位像素, 设置 SWF 影片文件的尺寸。
- 文件: 指定 SWF 影片文件的路径。
- 背景颜色: 设置 SWF 影片文件动画区域的背景颜色。
- 类: 可对 SWF 影片文件应用 CSS 样式。
- 循环: 选中则连续播放, 不选只播放一次就停止。
- 自动播放: 选中则浏览网页时会自动播放该影片。
- 垂直边距、水平边距: 设置影片上下、左右空白区域的像素数。
- 品质: 有低品质、自动低品质、自动高品质、高品质 4 个选项。
- 比例: 设置 SWF 影片文件显示的尺寸, 有(默认)全部显示、无边框、严格匹配 3 种选项。
- 对齐: 设置 SWF 影片文件在网页中的对齐方式。
- Wmode: 设置 SWF 影片文件是否透明显示, 默认是不透明显示。

活动实施

　　(1) 打开 Dreamweaver CS6 软件并新建一个 HTML 文档, 将新建的 HTML 文档切换至"设计"视图模式, 并以"task2-2-2.html"为文件名保存到站点为"项目 2-2"的"Task2-2"根文件夹中。

　　(2) 在"文档工具栏"中的"标题"文本框中, 将"无标题文档"更改为"房产 Flash 广告"。

　　(3) 在文档窗口中输入文字"房产 Flash 广告", 选择文字, 在"属性"面板的"格式"下拉列表框中选择"标题 2"。

(4) 在文字右侧按回车键, 依次单击"插入"→"媒体"→"SWF"菜单命令 (快捷键 Ctrl+Alt+F), 打开"选择文件"对话框, 选择名字为"房产广告.swf"的文件 (素材在"Chapter02\素材文件\任务2\活动 2"文件夹中), 单击"确定"按钮, 即可插入到网页文档中, 如图 2.39 所示。

图 2.39

(5) 保存网页文件并在浏览器中浏览网页效果, 最终效果如图 2.36 所示。

(6) 新建一个 HTML 文档, 将新建的 HTML 文档切换至"设计"视图模式, 并以"task2-2-3.html"为文件名保存到站点为"项目 2-2"的"Task2-2"根文件夹中。

(7) 在"文档工具栏"中的"标题"文本框中, 将"无标题文档"更改为"swf 属性设置"。

(8) 依次单击"修改"→"页面属性"菜单命令 (快捷键 Ctrl+J), 设置背景图像 (素材为"Chapter02\素材文件\任务2\活动 2\我的校园.jpg"), 在"重复"选项中选择"no-reapet", 左边距、上边距设置为 0, 单击"确定"按钮, 如图 2.40 所示。

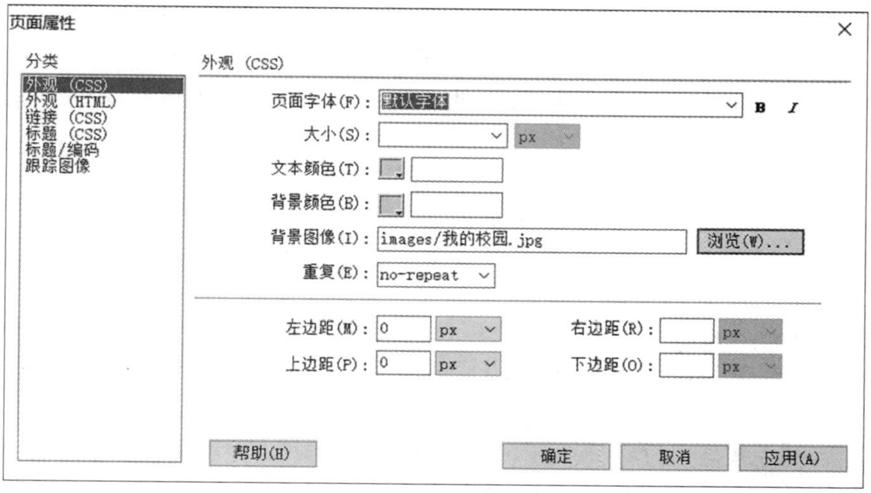

图 2.40

(9) 将光标定位在最左上角, 依次单击"插入"→"媒体"→"SWF"菜单命令 (快捷键

Ctrl+Alt+F),打开"选择文件"对话框,选择名字为"闪光效果.swf"的文件(素材为"Chapter02\素材文件\任务2\活动2"文件夹中),单击"确定"按钮,在"属性"面板设置"宽"为"800","高"为"500","Wmode"选择为"透明",如图2.41所示。

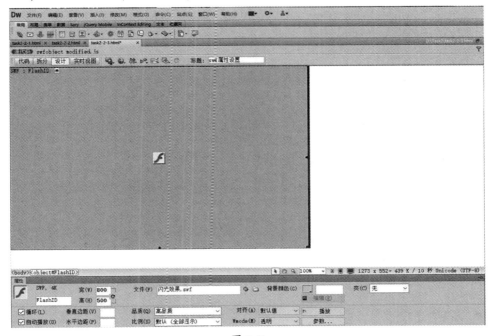

图 2.41

(10) 保存网页文件并在浏览器中浏览网页效果,最终效果如图 2.37 所示。

活动评价

通过该活动,同学们简单掌握了在网页中插入Flash内容和设置Flash文件的方法,Flash在网页中常用于制作网页寻航条、广告条、动画等,可以使网页更炫酷生动。

任务3 》》》》》》》
制作包含超链接的网页

情境设计

上课时小白想,如果能够把老师所讲的地理知识搜集后分类保存在家里的计算机上,需要时找出来看看,那是一件多么方便的事啊!但做成什么样的形式最方便查阅呢?在网页设计老师的建议和指导下,小白应月软件工具Dreamweaver CS6制作了一个以"中国气候类型"

为主题的网页,下面我们一起来看看小白的制作过程吧!

任务分解

本次任务是使用Dreamweaver CS6制作包含文字、图片和锚点链接的网页,并使用超链接把制成后的各网页连接起来,使之成为关联的整体,形成一个网站系统。本任务的活动是为网页中部分文本和图片设置超链接,并使用锚点工具制作页面导航列表,对网页内容设定"精准链接"。

因此,本任务可以分解为3个活动:制作文字超链接,制作图片热点超链接,制作锚点链接。

活动 1 制作文字超链接

活动要求

为网页素材"task2-3-1.html"中的文字"华南地区""华东地区""华北地区"分别设定超链接,链接的网页文件分别为"hndq.html""hddq.html""hbdq.html",页面打开目标为新建页面。

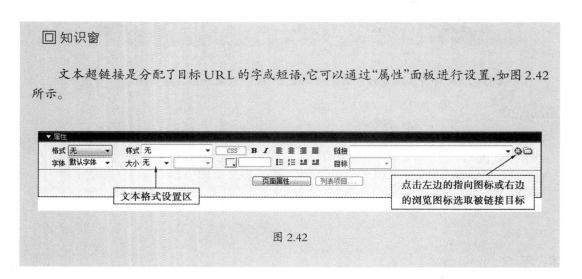

□ 知识窗

文本超链接是分配了目标URL的字或短语,它可以通过"属性"面板进行设置,如图2.42所示。

图 2.42

活动实施

(1) 选中文字"华南地区",在属性面板中设置文字格式后,链接文件选择素材文件"hndq.html",目标设定为"_blank",完成"华南地区"文字超链接,如图2.43所示。

图 2.43

(2) 使用同样的方法完成"华东地区"和"华北地区"文字超链接。

(3) 保存网页文件，并在浏览器中浏览网页效果。

活动评价

通过本次活动，掌握文字超链接的创建方法，并能够根据实际情况，设置超链接打开方式。

活动 2　制作图片热点超链接

活动要求

为网页素材"task2-3-1.html"中的"中国气候类型"图片设置4个热点超链接，链接的网页文件分别为"hddq.html""hxdq.html""hndq.html""hbdq.html"，页面打开目标为新建页面。

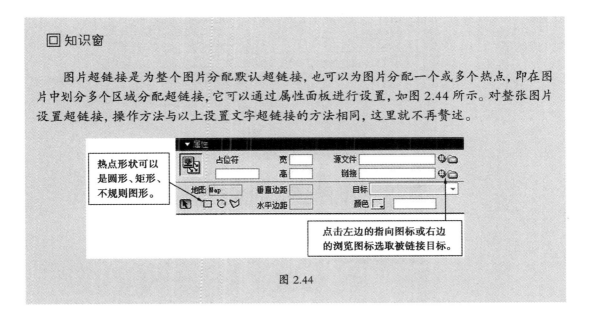

图片超链接是为整个图片分配默认超链接，也可以为图片分配一个或多个热点，即在图片中划分多个区域分配超链接，它可以通过属性面板进行设置，如图 2.44 所示。对整张图片设置超链接，操作方法与以上设置文字超链接的方法相同，这里就不再赘述。

图 2.44

活动实施

(1) 启动 Dreamweaver CS6 软件，打开网页素材文件"task2-3-1.html"，设置图片热点。

①选中网页中的图片，属性面板变成图片超链接的设置样式，如图 2.45 所示。

图 2.45

②选取"矩形热点工具",沿着华东地区边界描绘出热点图形,如图 2.46 所示,并按照图中所示,设置链接目标文件为"hddq.html",设置网页打开目标为"_blank"。

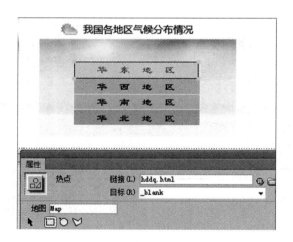

图 2.46

(2) 用同样的方法完成图中"华西地区""华南地区""华北地区"等 3 个热点超链接。

(3) 保存网页文件,并在浏览器中浏览网页效果。

活动评价

通过本次活动,掌握了图片热点超链接的创建方法。在创建图片热点链接时,热区的划分可以是矩形、圆形及不规则的多边形,对于划分好的热点区域可以对边缘进行再次调整操作。

活动 3　制作锚点链接

活动要求

在网页素材"task2-3-1.html"中的适当位置添加锚点命名,为"页面导航列表"中的各气候类型设置锚点链接,使得浏览网页时,可以通过点击导航列表中的气候类型名称,精准定位到网页中相应内容段落。

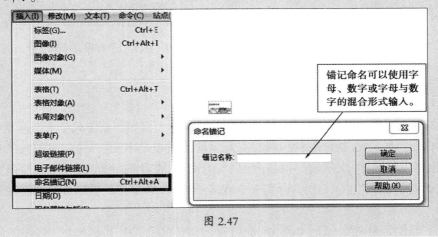

⊡ 知识窗

　　锚点链接(也称书签链接)常常用于那些内容庞大、烦琐的网页。通过点击"命名锚点",不仅让我们能指向文档,还能指向页面里的特定段落,更能当作"精准链接"的便利工具,让链接对象接近焦点,便于浏览者查看网页内容。它可以通过菜单栏中的有关命令来使用,如图 2.47 所示。

图 2.47

活动实施

(1) 启动 Dreamweaver CS6 软件,打开网页素材文件"task2-3-1.html",插入命名锚记(以"温带季风"为例)。

在"温带季风"文字前单击鼠标,然后依次点击"插入"→"命名锚记"菜单命令,打开"命名锚记"对话框,在"锚记名称"框中输入"3",如图 2.48 所示。

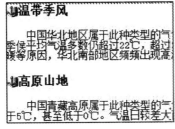
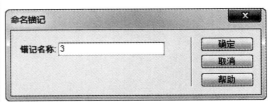

图2.48

(2) 为锚记设置超链接。

选中"页面导航列表"中的文字"温带季风",在链接目标空白处输入"#3",设置网页打开目标为"_blank",完成设置,如图2.49所示。

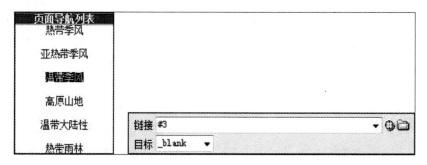

图2.49

(3) 用同样的方法完成导航列表中其他气候类型的锚记超链接完成活动。

(4) 保存网页文件,并在浏览器中浏览网页效果。

活动评价

通过本次活动,我们掌握了锚记超链接的创建方法,在网页中添加锚记超链接时,需先设置锚点,再设置锚记超链接,锚记超链接应以"#"号开头。

项目小结

超链接是Web页面区别于其他媒体的重要特征之一,网页浏览者只要单击网页中的超链接就可以自动跳转到超链接的目标对象,且超链接的数量是不受限制的。超链接的载体可以是文字,也可以是图片。文字超链接是分配了目标URL的字或短语,图片超链接是为整个图片分配默认超链接,也可以为图片分配一个或多个热点,即在图片中划分多个区域分配超链接。

一个完整的超链接包括两个部分,即链接的载体和链接的目标地址。链接的载体指的是显示链接的部分,即包含超链接的文字或图像。链接的目标是指点击超链接后所显示的内容,可能是打开另一个网页,或进入另一个网站,或打开电子邮箱等。因此,在创建超链接之前,必须首先确定链接的载体和链接的目标地址。

项目检测

操作题

(1)参照所给的效果图文件完成网页"宝贝推荐"的制作,完成后以"lx2-1-1.html"为文件名保存,参考效果如图2.50所示。

图 2.50

(2)参照所给的效果图文件完成网页"知识闯关游戏"的制作,输入文字和添加Flash动画文件,完成后以"lx2-2-1.html"为文件名保存,参考效果如图2.51所示。

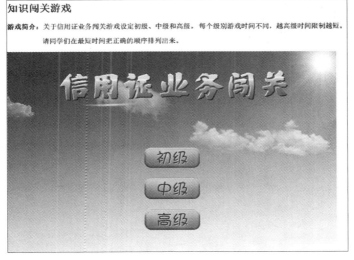

图 2.51

(3)参照所给的效果图和素材制作一个包含文本、图片和锚点超链接的网页,完成后以"lx2-3-1.html"为文件名保存,参考效果如图2.52所示。

图2.52

(4)参照所给的效果图和素材制作一个包含文本、图片和锚点超链接的网页，完成后以"lx2-3-2.html"为文件名保存，参考效果如图2.53所示。

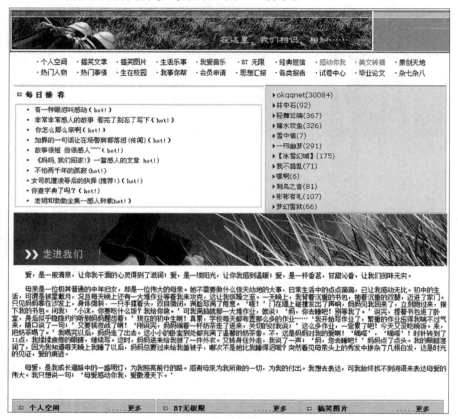

图 2.53

项目 3
使用表格排版网页

☐ 项目综述

　　表格在网页中的应用非常广泛，它可以精准地定位网页元素。虽然目前表格不是网页布局的主流工具，但仍然是主要工具之一，在专统网页布局中依然发挥了十分重要的作用。

　　小白经过一段时间的学习以后，已经能制作简单的网页了。现学校校园网上发布了一条通知，内容是向在校学生征集自主设计本系新闻分站的主页。小白觉得很感兴趣，想试一试，但是以他现在的能力还不足以实现，所以想继续学习制作内容更多、布局更复杂的网页。

☐ 项目目标

素质目标

◇培养学生善于发现问题、分析问题、解决问题的能力。

◇培养学生主动学习、自主探究的钻研精神。

◇培养学生严谨、踏实、细致的工作态度。

◇培养学生互助，协作的团队精神和沟通能力。

知识目标

◇了解表格的基本知识。

◇掌握如何创建、编辑表格。

◇掌握如何设置表格和单元格的属性。

◇掌握如何利用表格布局。

能力目标

◇会使用表格制作简单的校园新闻网页。

◇会使用表格布局电子商务系新闻主页。

▢ 项目思维导图

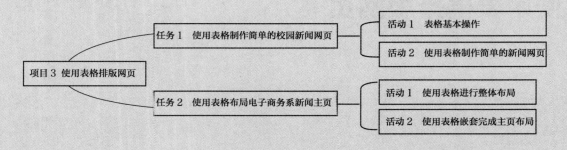

任务1 》》》》》》》
使用表格制作简单的校园新闻网页

情境设计

要合理布局，制作出美观的主页，需要从表格的基础开始学习。首先，小白要学习如何用表格制作一个简单的关于在校学生比赛新闻的网页。

任务分解

本次任务是使用Dreamweaver CS6制作带有表格的简单网页。要完成该任务，必须先了解如何创建表格以及如何对表格进行编辑，最后结合文字和图片等素材制作出简单的新闻网页。

因此，本任务可以分解为两个活动：表格基本操作；使用表格制作新闻网页。

活动1　表格基本操作

活动要求

如图3.1所示，使用表格完成比赛成绩表的制作。

比赛成绩	
戴练	98
伍婧娉	93
舒情	88
戴晓蓉	85
冯薇	84

图 3.1

□ 知识窗

1. 表格的构成

表格最基本的单位是单元格,由单元格组成行和列。单元格之间的间隔称为单元格间距;单元格内容与单元格边框之间的间隔称为单元格边距(或填充)。表格边框有明暗之分,可以设置粗细、颜色等属性。单元格边框也有明暗之分,可以设置颜色,但不可设置粗细属性。如图 3.2 所示是一个 3 行 5 列的表格。

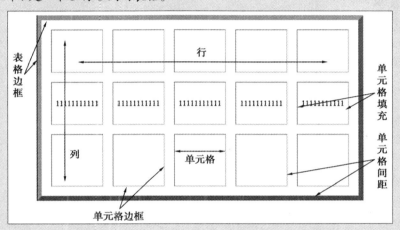

图 3.2

2. 表格的属性

如图 3.3 所示,下面对表格"属性"面板中的相关参数进行说明:

• ID:指定表格的 ID,以便在脚本中引用该表格。

• 行:指定表格中的行数。

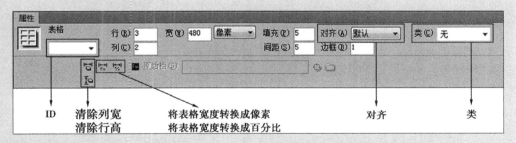

图 3.3

• 列:指定表格中的列数。

• 宽:指定表格的宽度。可选择单位为像素,或占浏览器窗口宽度的百分比。

• 填充:指定单元格内容与单元格边框间的距离。单位为像素。

• 间距:指定相邻单元格间的间隔。单位为像素。

• 对齐:选择表格相对于同一段落中的其他元素的显示位置。

• 边框:指定表格边框的宽度。单位为像素。

• 类:对该表格应用 CSS 类。

- 清除列宽：从表格中删除所有明确指定的列宽。
- 清除行高：从表格中删除所有明确指定的行高。
- 将表格宽度转换成像素：将表格中每列的宽度和整个表格的宽度都设为以像素为单位。
- 将表格宽度转换成百分比：将表格中每列的宽度和整个表格的宽度都设为以百分比为单位。

3. 表格的编辑

(1) 选择表格

①选择整个表格主要有以下几种操作方法：

- 单击表格左上角或单击表格中任一个单元格的边框，如图 3.4(a) 所示。
- 将光标移到表格内，单击文档窗口左下角的标签"<table>"，如图 3.4(b) 所示。

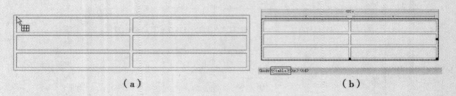

（a）　　　　　　　　　　（b）

图 3.4

②选择表格的行（或列）。

把光标放在需要选择的行左边（或列上方）时，光标变成黑色箭头，单击鼠标左键，选中该行（或列），如图 3.5 所示。

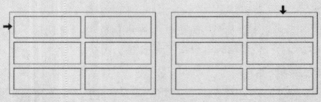

图 3.5

(2) 合并与拆分单元格

①合并单元格。

选择要合并的几个单元格后，可以采取以下几种方法进行合并单元格操作。

- 单击鼠标右键，在弹出的菜单中选择"表格"栏下的"合并单元格"选项，如图 3.6(a) 所示。
- 单击"属性"面板左下角 按钮，如图 3.6(b) 所示。

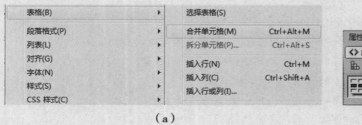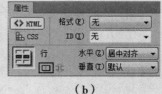

（a）　　　　　　　　　　（b）

图 3.6

②拆分单元格。

选择要拆分的单元格后，可以采取以下几种方法进行拆分操作。

• 单击鼠标右键，在弹出的菜单中选择"表格"栏下的"拆分单元格"选项，如图 3.7(a) 所示。

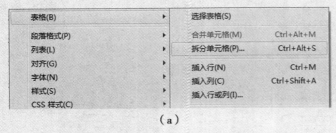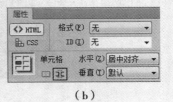

（a）　　　　　　　　　　　　　　　　　　（b）

图 3.7

• 单击"属性"面板左下角 按钮，如图 3.7(b) 所示。

(3) 增加或删除行（或列）

①增加行（或列）。

把光标移到需要增加行（或列）的下面（或右侧）后，有以下几种方法增加行（或列）：

• 点击鼠标右键，在弹出的菜单中选择"表格"→"插入行"（或"插入列"）选项，如图 3.8(a) 所示。

• 选择 "修改"菜单栏下的"表格"选项，选择"插入行"（或"插入列"）选项。

（a）

（b）

图 3.8

②删除行（或列）。

把光标移到需要删除的行（或列）后，有以下几种方法删除该行（或列）：

• 点击鼠标右键，在弹出的菜单中选择"表格"栏下的"删除行"（或"删除列"）选项，如图 3.8(b) 所示。

• 选择 "修改"菜单栏下的"表格"选项，选择"删除行"（或"删除列"）选项。

活动实施

1. 新建表格

(1) 打开 Dreamweaver CS6, 在"欢迎界面"中单击"新建"栏下的"HTML"按钮, 新建一个 HTML 网页文件, 进入新的窗口界面, 如图 3.9 所示。

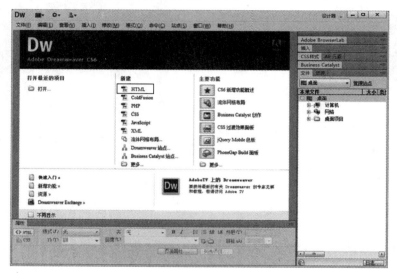

图 3.9

(2)选择 "插入"→"表格"选项, 如图3.10(a)所示; 在打开的"表格"对话框中设置参数如图3.10(b)所示; 然后单击"确定"按钮在页面上新建一个表格。

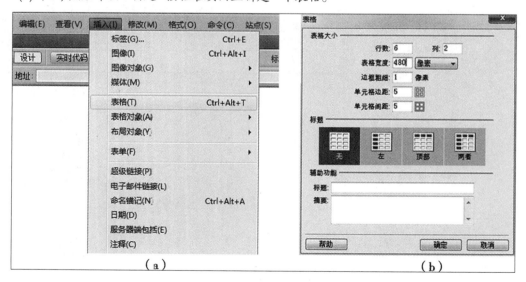

图 3.10

2. 属性设置及信息录入

(1) 选择该新建的表格, 在下方"属性"面板中进行修改, 参数如图 3.11 所示。

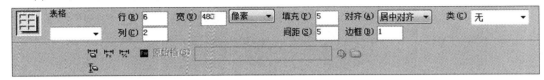

图 3.11

(2) 在表中录入比赛排名前 5 位选手的名字和成绩, 如图 3.12 所示。

比赛成绩	
戴练	98
伍婧娴	93
舒倩	88
戴晓蓉	85
冯薇	84

图 3.12

3. 合并表格

(1) 选择表格第一行, 把光标放在第一行首左侧, 当光标变成黑色箭头时, 单击鼠标左键, 选中该行, 如图 3.13 所示。

比赛成绩	
戴练	98
伍婧娴	93
舒倩	88
戴晓蓉	85
冯薇	84

图 3.13

(2) 单击"属性"面板左下角"合并所选单元格"按钮, 最终效果如图 3.1 所示。

4. 保存文件

最后将该网页文件以"task3-1-1.html"为文件名保存到"项目 3"站点的根目录下。

活动评价

表格的基本操作类似于 Word 文档中表格的操作, 有基础的同学会很快熟悉, 但是都需要多操作、多练习。

活动2　使用表格制作简单的新闻网页

活动要求

(1)新建一个网页文件，按要求插入表格。

(2)把素材中的文字、图片合理布局到网页中，并将网页文件以“task3-1-2.html”为文件名保存到“项目3”站点的根目录下，最终效果如图3.14所示。

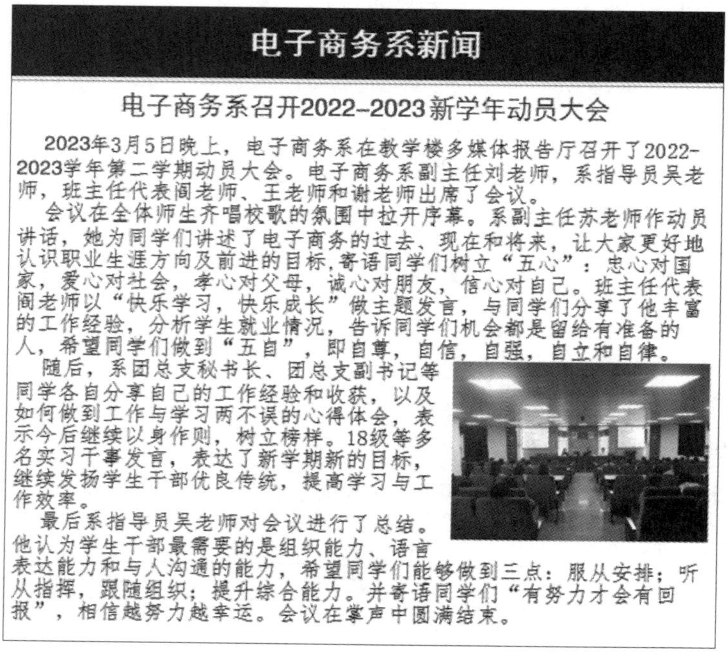

电子商务系新闻

电子商务系召开2022-2023新学年动员大会

2023年3月5日晚上，电子商务系在教学楼多媒体报告厅召开了2022-2023学年第二学期动员大会。电子商务系副主任刘老师，系指导员吴老师，班主任代表阎老师、王老师和谢老师出席了会议。

会议在全体师生齐唱校歌的氛围中拉开序幕。系副主任苏老师作动员讲话，她为同学们讲述了电子商务的过去、现在和将来，让大家更好地认识职业生涯方向及前进的目标，寄语同学们树立“五心”：忠心对国家，爱心对社会，孝心对父母，诚心对朋友，信心对自己。班主任代表阎老师以“快乐学习，快乐成长”做主题发言，与同学们分享了他丰富的工作经验，分析学生就业情况，告诉同学们机会都是留给有准备的人，希望同学们做到“五自”，即自尊，自信，自强，自立和自律。

随后，系团总支秘书长、团总支副书记等同学各自分享自己的工作经验和收获，以及如何做到工作与学习两不误的心得体会，表示今后继续以身作则，树立榜样。18级等多名实习干事发言，表达了新学期新的目标，继续发扬学生干部优良传统，提高学习与工作效率。

最后系指导员吴老师对会议进行了总结。他认为学生干部最需要的是组织能力、语言表达能力和与人沟通的能力，希望同学们能够做到三点：服从安排；听从指挥，跟随组织；提升综合能力。并寄语同学们“有努力才会有回报”，相信越努力越幸运。会议在掌声中圆满结束。

图 3.14

知识窗

单元格的属性

如图 3.15 所示，下面对单元格“属性”面板中的相关参数进行说明。

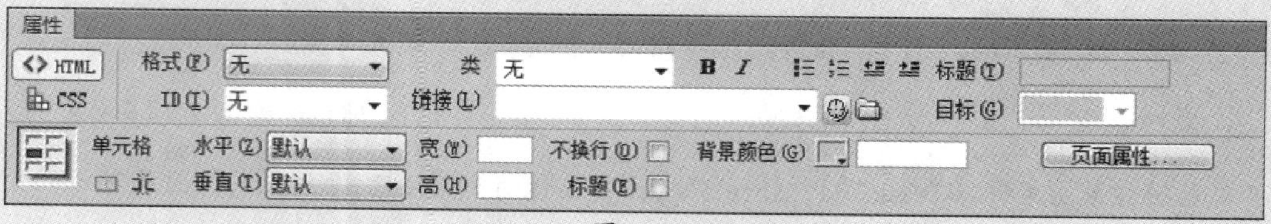

图 3.15

- 类：对该单元格应用 CSS 类。
- ID：指定单元格的 ID，以便在脚本中引用该单元格。
- 链接：指定单元格内对象的超链接地址。
- 目标：指定链接对象打开的位置。
- 水平：设置单元格内容在水平方向上的对齐方式。

- 垂直：设置单元格内容在垂直方向上的对齐方式。
- 宽和高：设置被选择单元格的宽和高。
- 不换行：防止换行，从而使给定单元格中的所有文本都在一行上。
- 标题：将所选单元格的格式设置为表格标题单元格。
- 背景颜色：设置单元格的背景颜色。
- 合并（拆分）按钮：将所选单元格、行或列合并（拆分）为一个（两个或多个）单元格。

活动实施

1. 新建页眉表格

(1) 插入一个表格，将其命名为"T1"，其他参数如图 3.16 所示。

图 3.16

(2) 将光标置于表"T1"中，设置单元格的属性，如图 3.17 所示。

图 3.17

(3) 切换到"属性"面板中的"CSS"，选择目标规则"< 新 CSS 规则 >"，点击"编辑规则"，新建一个选择器类型为"类"、名称为"S1"的 CSS 规则，如图 3.18 所示。

图 3.18

(4) 设置"S1"的类型规则，如图 3.19 所示。

图 3.19

(5) 在表"T1"中输入文字"电子商务系新闻"，并在"属性"面板中应用类"S1"。最终页眉部分完成图如图 3.20 所示。

电子商务系新闻

图 3.20

2.新建正文表格

(1) 在表"T1"后插入一个新表格，将其命名为"T2"，其他参数如图 3.21 所示。

图 3.21

(2) 将光标置于表"T2"中，设置单元格的属性，如图 3.22 所示。

图 3.22

(3) 将素材文件夹中"task3-1-2text.txt"的文本复制粘贴到表"T2"中。

(4) 新建"S2""S3"两种 CSS 规则："S2"的 CSS 规则如图 3.23 所示；"S3"的 CSS 规则如图 3.24 所示。

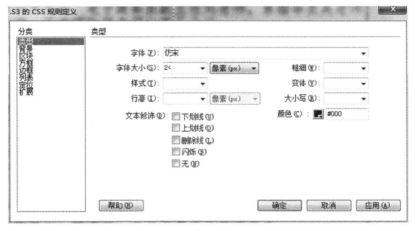

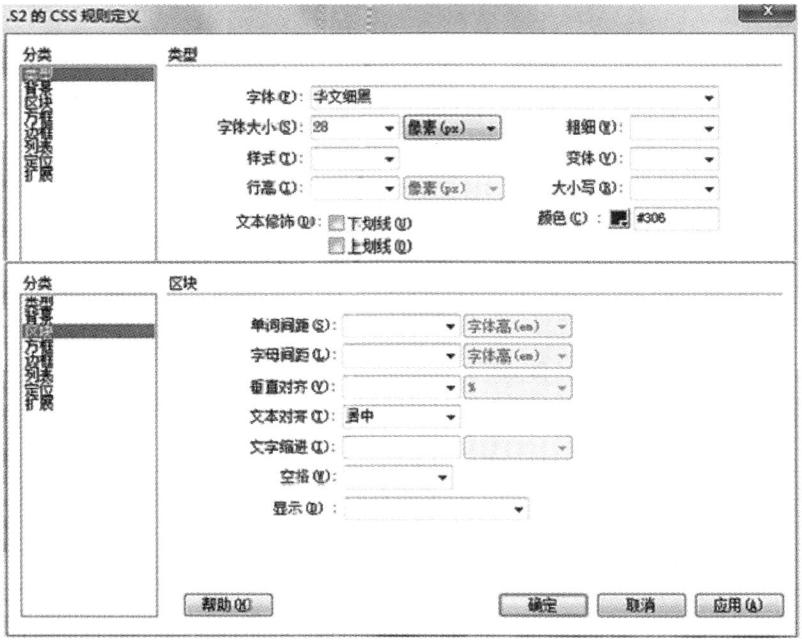
.S2 的 CSS 规则定义
分类
类型
背景
区块
方框
边框
列表
定位
扩展
类型
字体(F): 华文细黑
字体大小(S): 28 像素(px)
粗细(W):
样式(T):
变体(V):
行高(I): 像素(px)
大小写(E):
文本修饰(D): 下划线(U) 上划线(O)
颜色(C): #306
区块
单词间距(S): 字体高(em)
字母间距(L): 字体高(em)
垂直对齐(V): %
文本对齐(T): 居中
文字缩进(I):
空格(W):
显示(D):
帮助(H)
确定
取消
应用(A)

图 3.23

.S3 的 CSS 规则定义
分类
类型
背景
区块
方框
边框
列表
定位
扩展
类型
字体(F): 仿宋
字体大小(S): 24 像素(px)
粗细(W):
样式(T):
变体(V):
行高(I): 像素(px)
大小写(E):
文本修饰(D): 下划线(U) 上划线(O) 删除线(L) 闪烁(B) 无(N)
颜色(C): #000
帮助(H)
确定
取消
应用(A)

图 3.24

(5) 将“S2”“S3”分别应用到表“T2”中的标题行和正文文字上，效果如图 3.25 所示。

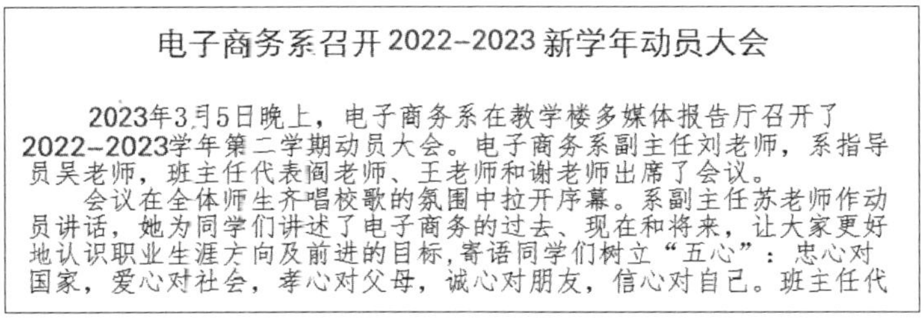
电子商务系召开 2022-2023 新学年动员大会
2023年3月5日晚上，电子商务系在教学楼多媒体报告厅召开了2022-2023学年第二学期动员大会。电子商务系副主任刘老师，系指导员吴老师，班主任代表阎老师、王老师和谢老师出席了会议。
会议在全体师生齐唱校歌的氛围中拉开序幕。系副主任苏老师作动员讲话，她为同学们讲述了电子商务的过去、现在和将来，让大家更好地认识职业生涯方向及前进的目标，寄语同学们树立“五心”：忠心对国家，爱心对社会，孝心对父母，诚心对朋友，信心对自己。班主任代

图 3.25

(6) 插入素材文件夹中“3-1-2pic.jpg”的图片文件，设置图片属性为“右对齐”，并调整为合

适大小放入图中相应的位置,最终效果图如图 3.14 所示。

3. 保存网页

将该网页文件以"task3-1-2.html"为文件名保存到"项目 3"站点根目录下。

活动评价

简单的网页只包含文字和图片等几种基本元素,使用表格进行布局,操作难度较小,设置"对齐方式"等属性就可以合理排版这些元素,效果明显。

任务2 »»»»»»
使用表格布局电子商务系新闻主页

情境设计

小白把自己制作的"动员会议新闻"网页展示给同学们看,得到了大家的好评,这增加了他要参加学校征集各系新闻分站主页活动的信心。但一个分站的主页结构复杂,内容繁多,要如何进行合理的布局才能既好看又实用呢?小白准备继续学习怎样用表格布局复杂网页。

任务分解

本次任务是使用Dreamweaver CS6制作一个分站的主页,涉及如何进行复杂网页的合理布局,需要使用表格的嵌套来实现。

因此,本任务可以分解为两个活动:使用表格进行整体布局;使用表格嵌套完成主页布局。

活动1 使用表格进行整体布局

活动要求

如图3.26所示,完成基本主页布局的制作,完成后以"task3-2-1.html"为文件名保存。

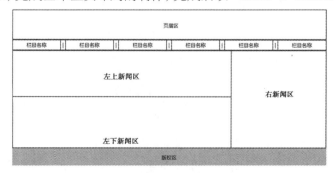

图 3.26

□ 知识窗

1. 网页布局

制作网页首先要进行基本的网页布局，以下是最为常用的页面布局类型：

• 上下型布局：上下排列网页的标题和内容，如图 3.27(a) 所示。

• 左右型布局：左右排列网页的导航栏和内容，如图 3.27(b) 所示。

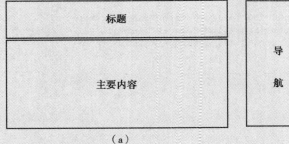 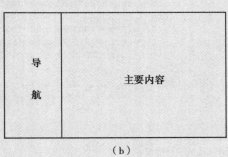

图 3.27

• "同" 字形结构布局：布局结构与汉字 "同" 相似，如图 3.28(a) 所示。

• "国" 字形布局：布局结构与汉字 "国" 相似，如图 3.28(b) 所示，是一些大型网站通常采用的布局类型。

• T 型布局：布局结构与英文大写字母 "T" 相似，如图 3.29 所示，这种布局初学者容易上手。

• POP 布局：页面布局像一张宣传海报，以一张精美图片作为页面的设计中心。

• Flash 布局：整个或大部分画面的网页是一个 Flash 动画。

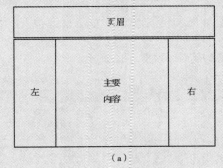 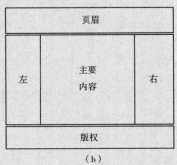

图 3.28

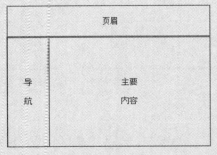

图 3.29

2. 表格标签

表格和单元格分别都有很多属性，有相同、相似的，也有不同的。表格中的基本标签有 <table>、<tr>、<td>。一般描述整个表格属性的标签放在 <table> 中，描述单元格属性的标签放在 <tr>（行）、<td> 中。标签从属关系由左向右依次递减：<body><table><tr><td>。一个表格的代码如图 3.30 所示。

```
<table width="574" height="350" border="2" >
  <tr>
    <td width="100" height="50" align="center"> </td>
    <td width="100" height="50" align="center"> </td>
    <td width="100" height="50" align="center"> </td>
  </tr>
</table>
```

图 3.30

活动实施

1. 制作页眉

(1) 新建一个 HTML 文档，插入表"T1"并居中对齐，具体参数如图 3.31 所示。

图 3.31

(2) 将光标置于表"T1"中，设置单元格的属性，如图 3.32 所示。

图 3.32

(3) 在单元格中输入"页眉区"，如图 3.33 所示。

图 3.33

2. 制作导航栏

(1) 在表"T1"后插入表"T2"并居中对齐，具体参数如图 3.34 所示。

图 3.34

(2) 选择表"T2"的第一行，设置单元格的属性，如图 3.35 所示。

图 3.35

(3) 分别在单元格中输入每个栏目的名称，并以"|"间隔。效果图如图 3.36 所示。

| 栏目名称 | | 栏目名称 | | 栏目名称 | | 栏目名称 | | 栏目名称 | | 栏目名称 |

图 3.36

3. 制作正文部分

(1) 在表"T2" 后插入表"T3"并居中对齐，具体参数如图 3.37 所示。

图 3.37

(2) 选择表"T3"第二列的两个单元格进行合并，设置所有单元格的水平和垂直对齐都为"居中"，并在单元格内输入文字，如图 3.38 所示。

左上新闻区	右新闻区
左下新闻区	

图 3.38

4. 制作版权栏

(1) 在表"T3" 后插入表"T4"并居中对齐, 具体参数如图 3.39 所示。

图 3.39

(2) 将光标置于表"T4"内, 设置单元格的属性, 如图 3.40 所示。

图 3.40

(3) 在表"T4"内输入"版权区", 如图 3.41 所示。

图 3.41

5. 保存网页

将该网页文件以"task3-2-1.html"为文件名保存到"项目 3"站点的根目录下。

活动评价

内容较多的网页, 应先构思出整个页面的布局, 再动手用表格搭建布局, 最后填充内容。切忌随意堆砌内容。

活动 2 使用表格嵌套完成主页布局

活动要求

在已完成的"活动1"基础上增加图片、文字等对象, 细化板块结构, 最终完成整个主页的制作, 如图3.42所示, 并以文件名"task3-2-2.html"另存到"项目3"站点的根目录下。

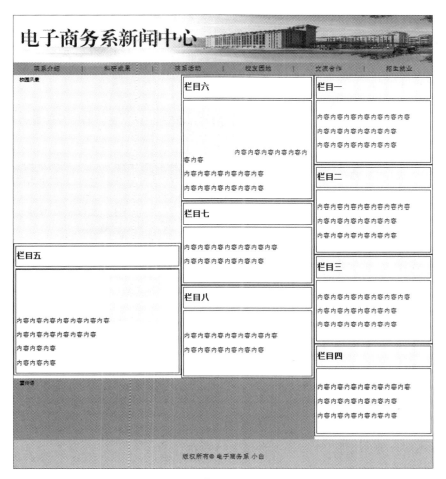

图 3.42

□ 知识窗

表格的嵌套

在复杂表格的布局中，一般不建议使用单元格的拆分和合并来实现，这样对后期布局的修改往往会造成不利的影响。建议通过表格的嵌套或更好的 Div 布局来进行。

嵌套表格是指在表格的单元格中再插入表格，其宽度受所在单元格的宽度限制，可以很好地控制表格内各个对象的位置。但嵌套层次不建议太多，否则有可能让布局页面过于复杂，可读性差，还可能影响网页的浏览速度。

如图 3.43 所示就是两个表格的嵌套，从标签上很容易看出，表格 2 是嵌套在表格 1 内的。

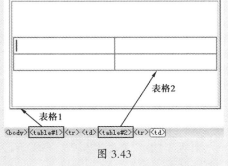

图 3.43

活动实施

打开"活动1"已完成的"task3-2-1.html"文件。

1. 美化页眉区

(1) 将表"T1"的边框改为"0"。

(2) 新建CSS规则：类"bg"，将素材文件中名为"task3-2-1pic.jpg"的图片设置为单元格背景，如图3.44所示。

图 3.44

(3) 新建CSS规则：类"S1"，参数如图3.45所示。

图 3.45

(4) 将"T1"单元格水平对齐改为"左对齐"，并输入"电子商务系新闻中心"，并应用类"S1"，如图3.46所示。

图 3.46

2. 修改导航栏

(1) 将表"T2"的边框改为"0"。

(2) 选择 "T2"的第一行,设置单元格的背景颜色为"#98B2CD"。

(3) 分别把单元格中的内容改为每个栏目的具体名称,效果如图 3.47 所示。

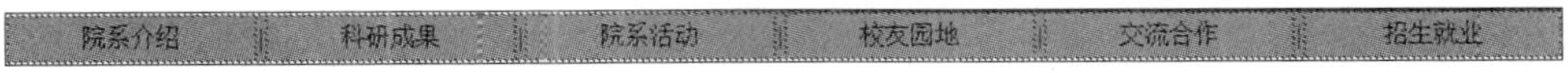

图 3.47

3. 细化正文部分布局

(1) 修改表"T3"右新闻区 (第二列) 的属性,具体参数如图 3.48 所示。

水平 (Z) 默认　宽 (W) 300
垂直 (T) 顶端　高 (H)

图 3.48

(2) 将光标置于右新闻区 (第二列) 内,插入新表格"T3-1",具体参数如图 3.49 所示。

图 3.49

(3) 修改表"T3-1"单元格属性,具体参数如图 3.50(a) 所示。

(a)　　　　　　　　(b)

图 3.50

(4) 复制 3~4 个表 "T3-1"到左新闻区，在第一行分别输入各栏目名称，如图 3.50(b) 所示。

(5) 将表"T3"左上新闻区 (第一列第一行) 拆分成如图 3.51 所示。

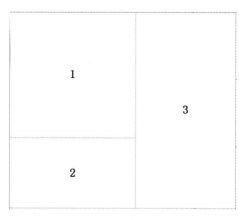

图 3.51

(6) 将单元格 "1"的宽和高都设置为"400"。选择"插入"→"图像对象"，插入图片占位符，参数如图 3.52 所示。

图 3.52

(7) 在单元格 "2"中插入新表格"T3-5"，参数如图 3.53 所示。

图 3.53

(8) 将"T3-5"复制 2~3 个到单元格"3"中，输入内容。可适当调整单元格高度，增加图像占位符等对象，设置不同文字 CSS 样式等，制作出不同结构内容的栏目板块。

(9) 在表"T3"左下新闻区 (第一列第二行) 中插入图像占位符，如图 3.54 所示。

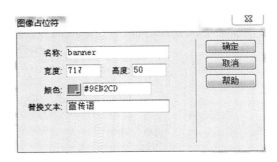

图 3.54

4. 修改版权栏

在表"T4"内输入版权信息,如图 3.55 所示。

图 3.55

5. 保存网页

将该网页文件以"task3-2-2.html"为文件名另存到"项目3"站点的根目录下。

活动评价

表格的嵌套适用于内容丰富、结构复杂的网页布局,但是嵌套操作有难度,鼠标常常会选择不到需要操作的对象,所以请大家多使用标签进行选择。

项目小结

通过本项目的学习,我们能够掌握网页制作中表格的应用。在网页中,表格除了可以用于制作数据表格之外,还可以用于布局网页,表格是网页布局形式之一。在本项目中,我们需要学会网页制作时表格的基本操作,如表格的插入操作、表格属性设置、表格行列的添加与删除、表格单元格的合并与拆分、表格行高与列宽的设置等,重点要求掌握如何使用表格对网页进行布局操作。在学习本项目内容时,可以与Word相关内容进行对比学习,以便更容易理解相关知识。

项目检测

参照所给的效果图及素材文件完成操作题1网页的制作,完成后以 "lx3-1-1.html"为文件名保存,参考效果如图3.56所示。

图 3.56

项目 4
制作包含表单的网页

项目综述

在网页中除了展示文字、图片等内容外，也经常需要进行输入信息的操作，如网页中的登录站点、注册账号、发布信息等模块，要实现这些功能都需要用到表单来制作。表单在网页中的使用非常广泛，它是网页用户与后台程序进行交互的重要窗口，负责收集用户的数据。一个完整的表单交互过程包含两个步骤：第一步，是在网页中通过表单收集用户的数据并提交给服务器；第二步，是服务器对提交的数据进行处理。本任务主要介绍在网页中插入表单对象并对其属性进行设置的方法。

项目目标

素质目标
◇培养学生善于发现问题、分析问题、解决问题的能力。
◇培养学生主动学习、自主探究的钻研精神。
◇培养学生严谨、踏实、细致的工作态度。
◇培养学生互助、协作的团队精神和沟通能力。

知识目标
◇掌握在网页中插入表单对象的方法。
◇掌握编辑表单对象和设置对象属性的方法。
◇能设计创建用于各种用途的表单对象。

能力目标
◇会制作登录表单。
◇会制作调查问卷表单。

项目思维导图

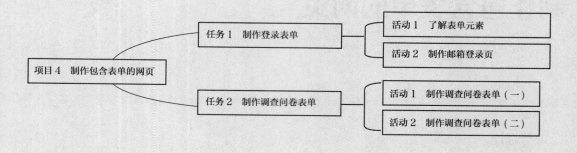

任务1 »»»»»»»
制作登录表单

情境设计

通过前面的学习，小白已经掌握了在网页中展示文字、图片以及基本的布局排版技能。但他在练习制作网页时发现经常需要收集用户的一些信息，而前面学习的内容只能静态地展示网页元素，无法实现收集信息功能。那应该如何收集用户的资料信息呢?通过查找他发现这需要通过一种叫表单的网页元素来实现，于是他很快开始了表单使用的学习，并使用表单创建符合需求的页面。

任务分解

本次的任务是创建一个QQ邮箱的登录页面，要制作完成该页面，需要先了解网页中的表单元素。在网页中可使用的表单对象种类比较多，每种表单对象的功能各不相同，需要根据自己的需求来选择使用。在了解掌握各种表单对象的基础上，制作出登录表单页面并在浏览器中浏览和测试。

本任务分解为两个活动:了解表单元素;使用表单制作QQ邮箱登录页。

活动 1　了解表单元素

活动要求

了解表单以及表单中常用的文本域、按钮等表单元素的添加、属性设置等使用方法；利用表单元素制作一个留言板页面，效果如图4.1所示。

图 4.1

□ 知识窗

1. 表单

表单在页面显示的是一个红色虚线框，如图 4.2 所示。我们可以把它理解成一个容器，可以向里面添加各种表单元素。在实际使用中，表单有时候可以不需要单独添加，因为当我们在页面中添加第一个表单元素时，系统也会自动创建一个表单。

图 4.2

2. 表单属性的设置

表单属性设置界面如图 4.3 所示。

图 4.3

常用属性设置项目的含义如下：

• 动作：指定用来处理表单数据的文件。

• 方法：用于设置表单数据提交给服务器的方法，两种方法有所区别。

POST：是将表单数据嵌入到 HTTP 请求中传输，传输的数据量没有限制，可用于长表单。

GET：将数据附加到请求页的 URL 中，传输的字符数量有限制，是默认的方式。

• 编码类型：用于指定提交给服务器的数据使用的编码类型，默认使用 application/x-www-form-urlencoded，如果要创建文件上传表单，则使用 multipart/form-data。

3. 文本域

文本域是表单中的一个基本元素，应用非常广泛，用户可以利用它输入文本类的信息，如用户名、密码、留言等，输入的内容可以是字符、数字等符号。文本域包括单行、多行、密码3 种类型，以适合不同的需求，3 种类型之间可以互相转换。

文本域的属性栏设置如图 4.4 所示。

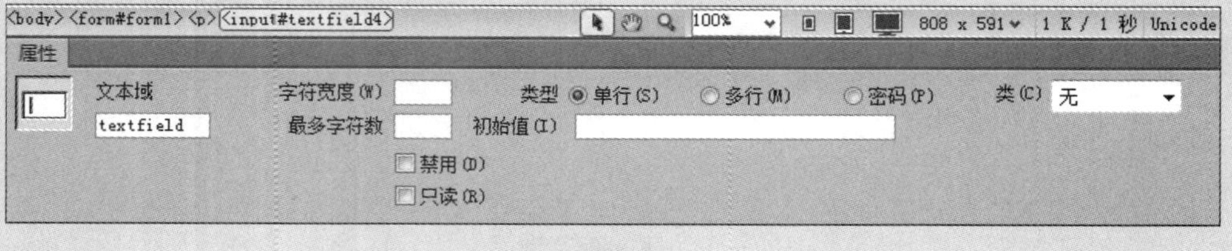

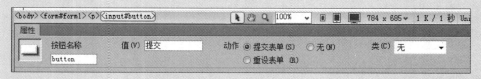

图 4.4

• 文本域：设置该文本域在系统中的名称，这个名字必须是唯一的。

• 字符宽度：设置文本输入框显示时的宽度。

• 最多字符数：设置在文本框中可以输入的最大字符数。

• 初始值：设置文本域在默认初始状态下显示的字符信息。

• 禁用：勾选此项，文本域处于禁止状态，文本框呈灰色。

• 只读：勾选此项，文本域内容只可查看，无法修改，可用于一些特殊情况下展示信息使用。

• 类型：可设置文本域在 3 种状态间转换。默认为单行时，用于输入少量的文本信息；设置为密码状态时，文本框中输入的字符会被隐藏，呈现项目符号或星号；设置为多行时，文本框变为多行，此时文本字段转成文本区域表单，可用于输入较多文本内容时使用，行数可以在属性中设置。

4. 按钮

表单按钮是一个非常重要的表单元素。当用户在输入完数据后，单击按钮可以将数据提交给服务器处理。按钮的属性栏参数设置如图 4.5 所示。

图 4.5

• 值：可设置按钮口的提示文字，默认的有"提交"和"重置"，随"动作"选项设置自动变化，也可设置成其他信息。

• 动作：该选项有 3 个参数选择，选择"提交表单"则可将表单信息上传给服务器；选择"重设表单"可以重置表单数据；如果想设置按钮实现其他功能，可选择"无"，再另外设置按钮所关联的脚本或程序。

活动实施

(1) 打开 Dreamweaver CS6，新建一个 HTML 文档，单击如图 4.6 所示按钮，在页面中添加一个表单。

图 4.6

表单域属于不可见元素，如果插入后无法显示红色虚线框，可以按如下方法进行设置：依次点击"编辑"→"首选参数"，在弹出的对话框中选择"不可见元素"选项卡，勾选"表单范围"复选框即可，如图 4.7 所示。

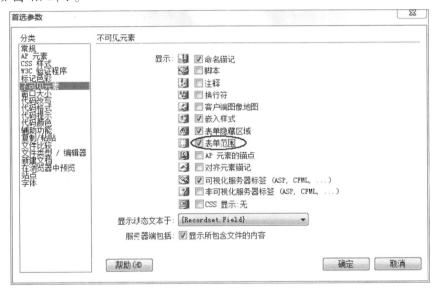

图 4.7

(2) 在表单中插入一个 4 行 2 列的表格，宽度设置为 400，表格边框为 0，将第 1 行与第 4 行的单元格进行合并，设置各行高度为 30。

(3) 在表格第一行输入文字"留言板"，并设置居中，在第 2 行与第 3 行的左边单元格中分别输入文字"标题""内容"，并设置右对齐，完成后如图 4.8 所示。

(4) 选择表格中第二行右边单元格，单击如图 4.9 所示的按钮，在弹出的对话框中直接单击"确定"按钮，添加一个文本域。

图4.8

图 4.9

(5) 选择文本域对象，在属性栏中设置参数如图 4.10 所示。

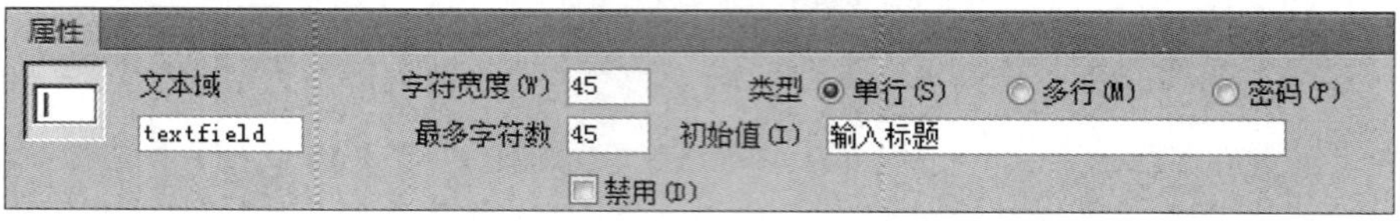

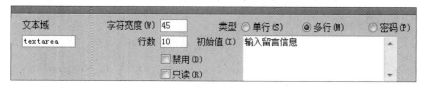

图 4.10

(6) 选择表格中第 3 行右边单元格，单击表单项中的"文本区域"按钮，添加一个文本区域，在弹出的对话框中直接单击"确定"按钮。

(7) 选中"文本区域"对象，在属性栏中设置参数，如图 4.11 所示。

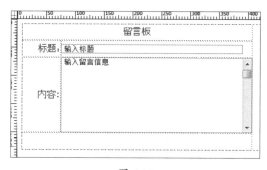

图 4.11

(8) 完成后效果如图 4.12 所示。

图 4.12

(9) 选择表格第 4 行，单击表单项中的"按钮"，位置如图 4.13 所示，添加一个按钮对象，设置居中。

图 4.13

(10) 选择"按钮"对象，在属性栏中设置参数，如图 4.14 所示。

图 4.14

(11) 将网页保存文件为"task4-1-1.html"，按 F12 键在浏览器中预览效果。

活动评价

在本次活动中，小白顺利地完成留言板的制作，并且知道可以通过设置"字符宽度"参数来调节文本框的显示宽度，以使网页中前后框的边缘对齐一致，使页面更加协调、美观。

活动 2　制作邮箱登录页

活动要求

创建一个模拟邮箱登录页面，效果如图4.15所示，并将页面以文件名"task4-1-2.html"保存。

图 4.15

□ 知识窗

1. 密码输入表单制作

在网页制作过程中，在账号登录、用户注册等环节都会使用到密码输入项，在Dreamweaver CS6 中提供了几种可以制作密码输入对象的工具，如文本字段、spry 验证密码，下面分别进行介绍。

(1) 文本字段作密码输入项

选中添加的文本域，在属性栏中设置类型为"密码"，如图 4.16 所示。

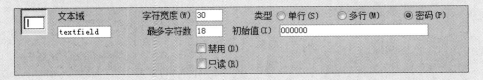

图 4.16

当设置文本域为密码模式时，在框内的字符显示为小数点。这种方法制作密码输入框的特点是简单，但对密码的验证功能较少，只能限制密码最大的位数。

(2) 用"spry 验证密码"作密码输入项

"spry 验证密码"对象的密码验证功能比前面的方法要复杂一些,它的属性栏如图 4.17 所示。通过合理设置参数,可以实现密码位数控制、内容控制、错误信息提示等功能。

图 4.17

属性栏中参数设置介绍如下:
- 最大 / 最小字符:设置密码域中可输入的总的最小字符数和最大字符数。
- 最大 / 最小字母数:设定密码中包含的小写字母的个数范围。
- 最大 / 最小数字数:设定密码中包含的数字的个数范围。
- 最大 / 最小大写字母数:设定密码中包含的大写字母的个数范围。
- 最大 / 最小特殊字符数:设定密码中包含的特殊字符的个数范围。

利用以上几个参数,用户可以根据需要设定密码的一些特殊要求,以达到强化密码复杂性的目的,当不符合要求时系统可以给出提示信息。

"验证"选项设置何时对输入的密码进行验证,可根据需要设置,它们的含义如下:
- Onblur:用户离开输入框。
- Onchange:输入框内容有修改。
- Onsubit:用户提交信息。

- 预览状态:可设置密码域在不同状态下的提示信息,单击下拉菜单按钮,选择"强度无效"时可出现如图 4.18 所示的选项及出现红色字体的提示信息,此信息是当用户输入的密码不符合强度要求时系统自动提示的,内容可以修改;同样在另外几种状态下也有相应的提示信息出现。

图4.18

2. 复选框

可以让用户在预先定义好的一个选项中进行选择。选中矩形的复选框,可以在属性栏中设置属性参数,如图 4.19 所示。

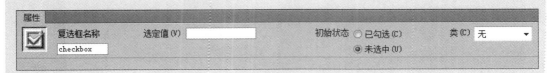

图 4.19

- 选定值:设置选择后的参数值。
- 初始状态:设置默认打开页面时选项的状态,默认是未选中状态。

活动实施

(1) 添加一个表单,在表单中添加一个 2 行 1 列的表格,宽度为 400,设置第一行的底纹为浅灰色,输入文字"微信登录"与"QQ 登录",调整到合适位置。

(2) 在第二行中添加一个 4 行 1 列的表格,宽度为 300,设置边框为 0,设置单元格对齐方式为:水平居中和垂直居中,完成后如图 4.20 所示。

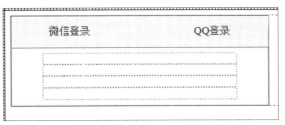

图 4.20

(3) 单击选中表格,单元格高度设为 40,单击表单栏中的"文本字段"按钮,在第一行中添加一个文本域,单击选中文本域,在属性栏设置宽度及初始值,如图 4.21 所示。

图 4.21

(4) 按照上一步的方法,在第二行的单元格中插入一个 Spry 验证密码域,单击选中白色文本框,在属性栏设置参数,如图 4.22 所示。

图 4.22

(5) 单击选中蓝色框区域，如图 4.23 所示设置密码，要求：位数在 6~16 位，包含大小写字母或数字，且至少包括一位大写字母。

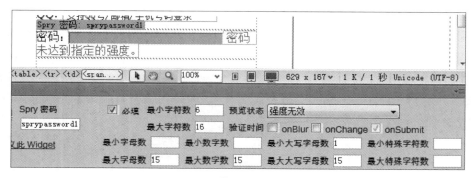

图 4.23

(6) 单击预览状态按钮，选择"强度无效"项，将密码框中后面出现的红色字符修改为："密码不符合强度要求，须至少包括一个大写字母"。当用户输入密码不符合强度要求时，系统给出提示信息，完成后效果如图 4.24 所示。

图 4.24

(7) 勾选验证时间栏中的"onblur"项，设置用户输入密码完成后进行检查，如不符合要求则给出提示信息。

(8) 单击第 3 行单元格，单击表单项中的"复选框"按钮，添加一个复选框，如图 4.25 所示设置参数。

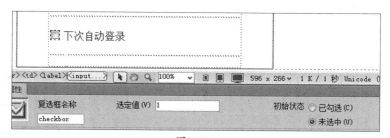

图4.25

(9) 单击第 4 行单元格，设置背景颜色为蓝色，单击表单项中的"按钮"，添加一个按钮，将属性栏中的值改为"登录"。完成后效果如图 4.26 所示。

图 4.26

(10) 将页面以文件名"task4-1-2.html"保存，按下 F12 键，在浏览器中查看效果并进行测试。

活动评价

出于安全考虑，网站一般要求输入密码时不直接显示内容，这时可以通过将密码输入框设置为密码格式，则输入内容显示为*号。如果对密码的位数、格式等还有特别要求，则需要通过设置属性栏中的相关参数实现。

任务2 》》》》》》》
制作调查问卷表单

情境设计

通过前面的案例学习，小白掌握了简单的表单制作方法。老师听说小白会做网页了，想叫小白帮忙做一个调查页面，以便了解同学们的一些个人情况，小白发现老师需要调查的内容种类比较多，仅使用前面的表单无法满足老师的要求，于是小白又开始研究其他的一些表单项目，并开始着手制作问卷调查网页。

任务分解

本次任务是制作一个调查问卷，由于问卷中要填写的信息种类比较多，需要对各类型的表单元素有更多地了解。因此本次任务分解为两个活动：制作调查问卷表单(一)；制作调查问卷表单(二)。

活动1 制作调查问卷表单（一）

活动要求

掌握单选按钮组、spry验证文本域等表单元素的添加、属性设置的方法；制作调查问卷页面，完成效果如图4.27所示，并将页面以"task4-2-1.html"为文件名保存。

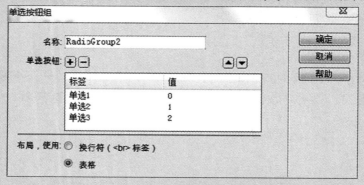

图 4.27

□知识窗

1. 单选按钮组

单选按钮一般都是成组使用，可以让用户在预先定义好的可选项中选择一项，这样可以使收集的信息规范，便于信息的统计。单选按钮组添加对话框如图4.28所示，根据需求单击"+"号或"-"号可添加或删除选项，设置好每一项的标签和值，每项的值不能相同。

图4.28

2.Spry 验证文本域

Spry 验证文本域是带有验证功能的文本域,它可以作为有特殊格式要求的文本输入项使用。点击 Spry 验证文本域属性栏中"类型"按钮,弹出多种数据类型选项,根据"类型"项选择的不同,"格式"项会出现相对应的选项,用户可以选择和设置,如图 4.29 所示。

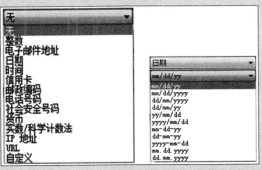

图 4.29

同时,在"预览状态"项可以设置不同状态下的提示信息,如选择"无效格式"选项,文本框右边会出现红色文字的提示信息"格式无效",如图 4.30 所示,信息可以根据需要进行修改。

图 4.30

3.复选框组

如果需要用户在预先定义好的多个选项中进行选择,则可以使用复选框组,用户可以从中选择一项或多项。根据需求单击"+"号或"-"号可增添或删除选项,设置好每一项的标签和值(注意各复选框所设定的值不允许相同),如图 4.31 所示。

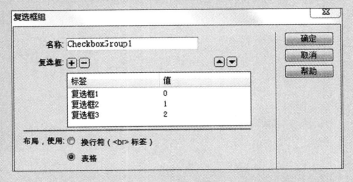

图 4.31

活动实施

(1) 打开 Dreamweaver CS6, 新建一个 HTML 文件, 单击"表单"按钮, 添加一个表单对象。

(2) 将光标移入表单中, 单击"表格"按钮添加一个 8 行 2 列的表格, 表格宽度为 400, 边框线设置为 0, 设置所有表格高度为 40。

(3) 设置左列单元格为右对齐, 设置右列单元格为左对齐, 合并第一行单元格, 输入标题"问卷调查", 设置居中对齐, 将其他行输入相应的标题, 调整列宽度, 完成后效果如图 4.32 所示。

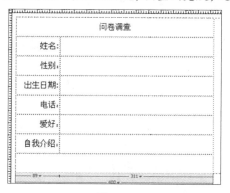

图 4.32

(4) 选择"姓名"行右边单元格, 单击"文本字段"按钮, 添加一个文本字段表单, 在属性栏中设置参数, 如图 4.33 所示。

图 4.33

(5) 选择"性别"行右边单元格, 单击"单选按钮组"按钮, 在对话框中按图 4.34 所示设置参数后确定, 最后调整两行按钮至一行中。

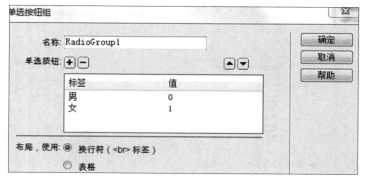

图 4.34

(6) 选择"出生日期"行右边单元格, 单击"Spry 验证文本域"按钮, 在弹出的对话框中直接单击"确定"按钮, 添加验证文本域表单。

(7) 选择白色文本框, 在属性栏中设置参数, 如图 4.35 所示。

图 4.35

(8) 选择蓝色区域，在属性栏中设置参数，如图 4.36 所示。

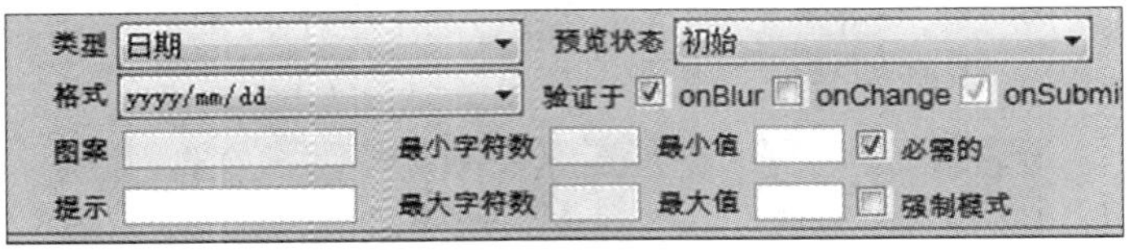

图 4.36

(9) 选择"电话"行右边单元格，单击"Spry 验证文本域"按钮，在弹出的对话框中直接单击"确定"按钮，添加验证文本域表单。

(10) 选择白色文本框，在属性栏口设置参数，如图 4.37 所示。

图 4.37

(11) 选择蓝色区域，在属性栏中按图 4.38 所示设置参数，其中最小值设置为13000000000，最大值设置为199999999999。

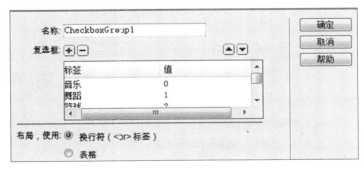

图 4.38

(12) 选择"爱好"行右边单元格，单击"复选框组"按钮，在弹出的对话框中按图 4.39 所示设置参数，添加一个复选框组表单，然后调整各选项至同一行位置。

图 4.39

(13) 选择"自我介绍"行右边单元格，单击"文本区域"按钮，在弹出的对话框中直接单击"确定"按钮，添加一个文本区域表单，选中表单对象，设置宽度为40，行数为10，完成后效果如图 4.40所示。

图 4.40

(14) 选择表格最后一行,合并单元格,设置水平方向居中对齐,单击"按钮",添加一个"按钮"表单,设置参数,如图 4.41 所示。

图 4.41

(15) 按 F12 键,将文件以"task4-2-1.html"为文件名保存,并预览效果。

活动评价

在网页中,除了可以通过文本框收集用户输入的信息外,还可以通过用户对选项框进行选择来收集信息。当需要在多个选项中选择一个对象时,可以采用单选按钮组来实现,若是需要在选项中选择多个对象时,可以使用复选框组实现。注意:在设置各标签的值时,须保证各选项不相同。

活动 2　制作调查问卷表单(二)

活动要求

了解文件域、选择列表/菜单等表单元素的添加、属性设置的方法;完善上一活动中制作的调查问卷页面,完成后效果如图4.42所示,并将页面以"task4-2-2.html"为文件名保存。

![问卷调查表单,包含姓名、性别、出生日期、电话、爱好、就读专业、照片、自我介绍等字段及提交问卷按钮]

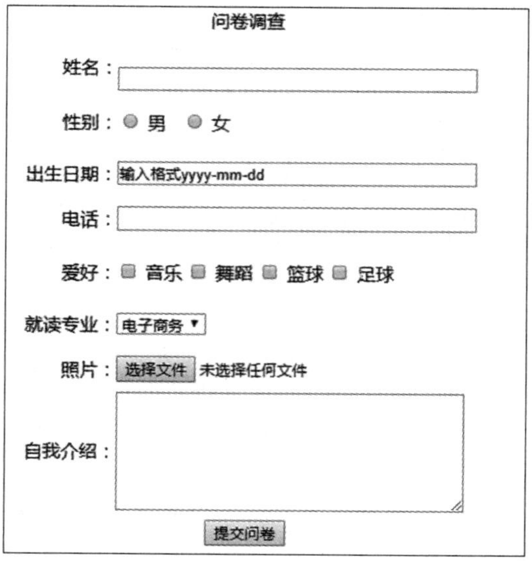

图4.42

□ 知识窗

1. 列表与菜单

列表与菜单均可以从预先定义的选项中选择所需的对象,两者适用于不同的情况。

(1) 菜单:在浏览器显示时,只显示一个可选项,效果如图 4.43 所示。

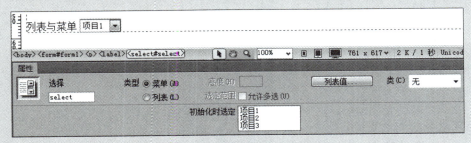

图 4.43

(2) 列表:在浏览器中显示时,显示一个多行的滚动列表,用户可从列表中选择 1 个或多个项目,效果如图 4.44 所示。

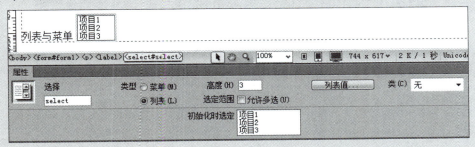

图 4.44

2. 文件域

当页面中需要实现文件上传功能时,可以使用文件域。文件域由一个文本框和一个"浏览"按钮组成,可使用该按钮选择定位需要上传的文件。文件域需要使用 POST 方法将文件从客户端上传到服务器。

活动实施

(1) 在 Dreamweaver CS6 中打开上一活动中制作的文件"task4-2-1.html"。

(2) 选择"自我介绍"单元格,按快捷键"Ctrl+M"两次,在表格中添加两行,分别输入标题"就读专业"和"照片",完成后效果如图 4.45 所示。

图 4.45

(3) 单击"就读专业"单元格的右边,单击表单项中"选择(列表 / 菜单)"按钮,在弹出对话框中直接单击"确定"按钮。

(4) 点击下拉按钮，在属性栏中单击"列表值"项。

(5) 在对话框中按图 4.46 所示添加专业信息，完成后单击"确定"按钮。

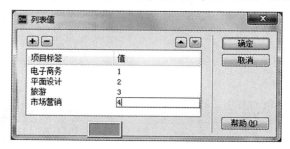

图 4.46

(6) 完成后效果如图 4.47 所示。

图 4.47

(7) 选择照片行右边的单元格，单击"文件域"按钮，在弹出对话框中直接单击"确定"按钮，完成后效果如图 4.48 所示。

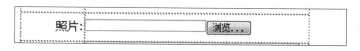

图 4.48

(8) 将文件以"task4-2-2.html"为文件名保存，按 F12 键，在浏览器中预览页面效果。

活动评价

列表与菜单也是网页中收集信息的一种方式，它和上一活动中所学习的单选按钮组与复选框组具有相似的功能，但在显示界面有所不同。菜单类型是选择一个对象的，列表类型是可以选择多个对象的。根据项目的特点，小白考虑后决定在"就读专业"这个项目使用"菜单"项这种网页元素来实现专业的选择功能。

项目小结

表单是网页中与用户进行交互的重要窗口，网页中应用到表单的地方非常多。通过本项目的学习，我们可以掌握网页中表单元素的使用知识。Dreamweaver中提供的表单类型较多，通过任务一的学习，我们掌握了文本表单、密码表单、按钮表单、复选表单等元素的使用知识, 并对表单的验证作用有了一些了解; 通过任务二的学习我们掌握了单选按钮、列表项、文件域、Spry验证域等元素的使用, 并能根据需求正确设置属性参数。通过合理运用表单元素, 我们就可以制作出常见的账号注册、登录、信息调查页面。当然系统自带的表单所能提供的功能有限, 如果想要实现更多复杂的功能, 则需要配合脚本程序等方法来实现。

项目检测

(1)参照所给的效果图文件完成操作题1网页的制作, 完成后以 "lx4-1-1.html" 为文件名保存, 参考效果如图4.49所示。

(2)参照所给的效果图文件完成操作题2网页的制作, 完成后以"lx4-2-1.html"为文件名保存, 参考效果如图4.50所示。

图 4.49

图 4.50

(3)参照所给的效果图文件完成操作题3网页的制作, 完成后以 "lx4-3-1.html" 为文件名保存, 参考效果如图4.51所示。

(4)参照所给的效果图文件完成操作题4网页的制作, 完成后以"lx4-4-1.html"为文件名保存, 参考效果如图4.52所示。

图 4.51

图 4.52

项目 5
制作框架网页

▣ 项目综述

Dreamweaver提供了一种很方便的、可以进行网页布局的工具——框架。框架主要是用来把浏览器窗口划分为若干个区域,每个区域可以分别显示不同的网页内容。访问者浏览站点时,可以使某个区域的文档永远不更改,但可通过导航条的链接更改主要框架的内容。框架结构常被用在具有多个分类导航或多项复杂功能的Web页面上。

▣ 项目目标

素质目标
◇培养学生善于发现问题、分析问题、解决问题的能力。
◇培养学生主动学习、自主探究的钻研精神。
◇培养学生严谨、踏实、细致的工作态度。
◇培养学生互助,协作的团队精神和沟通能力。

知识目标
◇掌握如何创建新建、保存框架网页。
◇掌握框架网页的链接设置。
◇能使用框架制作网页。

能力目标
◇会利用框架制作成语故事集首页。

▣ 思维导图

| 项目 5　制作框架网页 | —— | 任务　利用框架制作成语故事集首页 |

任务　>>>>>>>>>>>>
利用框架制作成语故事集首页

情境设计

最近, 小白想使用网页的形式收集成语故事, 可是故事那么多, 如果将它们全部编排在同一个网页中, 网页内容显得太长, 不方便阅读。在老师的建议下, 小白使用了网页框架工具。下面我们就和小白一起, 来学习框架网页的制作吧!

任务分解

本次任务是使用框架制作成语故事集首页, 掌握如何创建和保存框架网页, 掌握如何设置框架网页的链接, 从而完成故事集首页的制作。

本任务有1个活动: 利用框架制作成语故事集首页。

活动　利用框架制作成语故事集首页

活动要求

运用素材网页 "Y5-01A.html" "Y5-01B.html" "Y5-01C.html" "Y5-01D.html" "Y5-01E.html" "Y5-01F.html" "Y5-01G.html" 制作一个关于成语故事的框架网页, 要求: 网页有标题, 故事的题目以导航的形式出现, 最终效果如图5.1所示。

图 5.1

📖 **知识窗**

1. 框架网页的创建

依次单击 "插入" → "HTML" → "框架" 菜单命令, 在展开的下级菜单中根据需要选取合适的框架集, 如图 5.2 所示, 这样, 相应的框架网页就创建完成了。

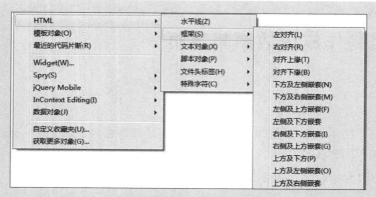

图 5.2

2. 框架网页的保存

每个框架包含一个网页文件,因此一个框架集会包含多个网页文件。在保存网页时,应将整个所有网页文件都保存下来,下面以"上方及左侧嵌套"框架为例介绍框架网页的保存方法。

(1) 选择"文件"→"保存全部"命令,此时,整个框架边框会出现一个阴影框,同时会弹出"另存为"对话框,我们将其命名为"index.html",表示框架集的文件名。

(2) 单击"保存"按钮,弹出第二个"另存为"对话框,此时,右边框架区域出现阴影,我们将它命名为"main.html",表示右边框架区域的文件名。

(3) 单击"保存"按钮,依次弹出第 3 个和第 4 个"另存为"对话框,分别命名为"left.html" 和"top.html",表示左边框架和上方框架的文件名,如图 5.3 所示。

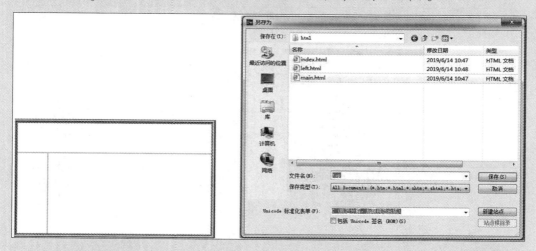

图 5.3

3. 框架网页的链接

要在框架中使用链接显示被链接文件内容,我们必须为它设置链接目标,即在属性面板"目标"下拉列表中选择被链接文件应在框架中显示的区域位置,如图 5.4 所示。

- _blank:打开一个新窗口显示目标网页。
- _parent:目标网页的内容在父框架窗口中显示。

- _self：目标网页的内容在当前所在框架窗口中显示。
- _top：目标网页的内容在最顶层框架窗口中显示。
- mainFrame、leftFrame、topFrame：目标网页的内容在新建的框架中显示。

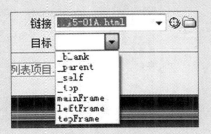

图 5.4

活动实施

1. 新建框架网页文件

启动 Dreamweaver CS6 软件，在"欢迎界面"中单击"新建"栏下的"HTML"按钮，新建一个空白 HTML 网页文件，然后通过"插入"菜单创建"上方及左侧嵌套"框架，如图 5.5 所示。插入的框架网页效果如图 5.6 所示。

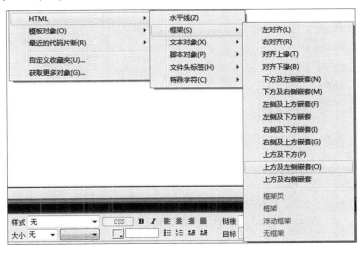

图 5.5

2. 编辑网页内容

在网页的上方框架内输入"成语故事"，左侧输入成语题目文本"亡羊补牢，掩耳盗铃，狐假虎威，井底之蛙，守株待兔，拔苗助长，胸有成竹"，如图 5.7 所示。

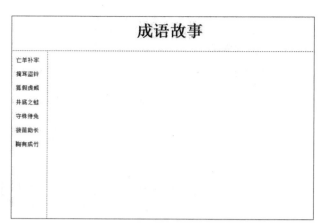

图 5.6   图 5.7

3. 创建网页链接

(1) 选中文本"亡羊补牢",在属性面板的链接处选取素材文件"Y5-01A.html",目标位置选择"mainFrame",使故事内容显示在 mainFrame 框架内,如图 5.8 所示。

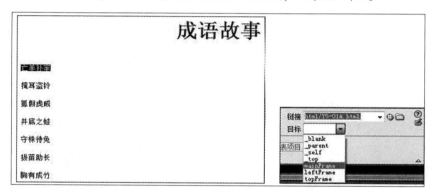

图 5.8

(2) 按照同样的方法为其他成语故事题目创建超链接,完成后的最终效果如图 5.1 所示。

活动评价

本活动主要介绍了框架网页的制作,操作相对简单。这里要特别注意的是,保存文件时产生的网页文件数量总是比设计的框架数量多1个,这个多出的是框架集文件,通常为浏览框架类网页时打开的首页文件。此外,保存文件时,建议对各框架文件进行标识性命名,如左框架文件可以命名为"left.html",右框架文件可以命名为"right.html",这样可以避免在编辑时产生混淆,提高制作效率。

项目小结

框架网页可以在本网页的某个区域内(如右框架)显示不同的链接文件内容,这个区域称为目标框架,它就像一个"显示屏",显示内容可以包含不限于文本、图片、锚点等在内的元素,显示内容可包含超链接。框架网页很好地实现了区域共享,此功能简单实用,被链接的目标可以是本地资源，或者网址。

项目检测

(1)参照所给的效果图和素材文件完成网页的制作，完成后以"lx5-1-1.html"为文件名保存，参考效果如图5.9所示。

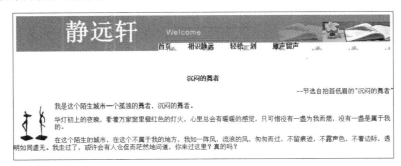

图 5.9

(2)参照所给的效果图和素材文件完成网页的制作，完成后以"lx5-1-2.html"为文件名保存，参考效果如图5.10所示。

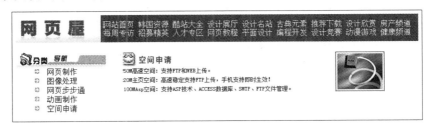

图 5.10

项目 6
使用 CSS 美化网页效果

▢ 项目综述

　　CSS(Cascading Style Sheets, 层叠样式表)是一种制作网页的新技术, 现在已经为大多数的浏览器所支持, 成为网页设计必不可少的工具之一。CSS主要用于对网页中的文本或某一区块的布局、字体、颜色、背景和特效等进行精确控制。使用CSS能美化网页效果的同时也能够简化网页的格式代码, 加快下载显示的速度, 减少了需要上传的代码数量, 也减少了重复劳动的工作量。

　　小白是一名电子商务专业一年级的学生, 已经学习了一些简单的静态网页制作技术。在制作网页的过程中, 小白发现自己制作的网页没有网上看到的那么华丽多彩, 他希望能通过继续学习, 掌握一种技术以达到美化网页的效果。

▢ 项目目标

素质目标
◇培养学生善于发现问题、分析问题、解决问题的能力。
◇培养学生主动学习、自主探究的钻研精神。
◇培养学生严谨、踏实、细致的工作态度。
◇培养学生互助, 协作的团队精神和沟通能力。

知识目标
◇掌握CSS的设置方法及其作用。
◇理解CSS的分类及应用的方法。
◇熟悉CSS规则定义中常用属性的设置及作用。

能力目标
◇会使用CSS美化文本与图像。
◇会使用CSS布局网页。
◇会使用CSS设置背景。

□项目思维导图

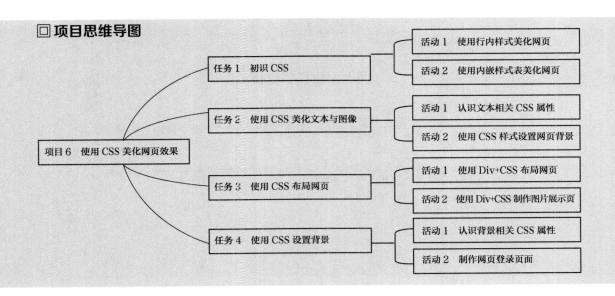

任务1 》》》》》》》
初识CSS

情境设计

　　经过一段时间的学习，小白已经基本掌握了网页内容的添加与设置，但始终感觉不是很美观，而一些重复性的属性设置更是令他心烦。所以他将完成的一个网页文件提交给老师并请教老师有什么办法可以使得自己所做的网页华美一些。在老师的指导下，小白开启了使用CSS美化网页效果之旅。

任务分解

　　本次任务初步学习对网页文档进行CSS样式的设置。要完成该任务，必须先认识CSS样式控制面板、CSS样式分类、CSS规则类型及CSS样式的应用，然后通过创建与应用样式表美化网页。

　　因此，本任务可以分解为两个活动：使用行内样式美化网页；使用内嵌样式表美化网页。

活动 1　使用行内样式美化网页

活动要求

　　对网页文件"task6-1.html"的主标题进行CSS样式的设置及应用，文件另存为"task6-1-1.html"，效果如图6.2所示。

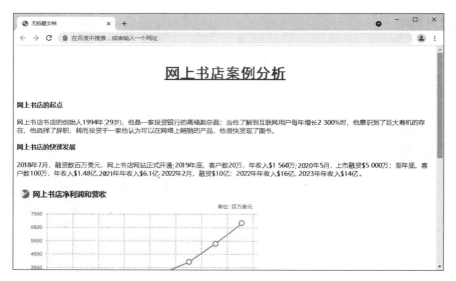

图 6.1

回 知识窗

1.CSS 的设置

启动 Dreamweaver CS6,按"Shift+F11"快捷键或"窗口"菜单的"CSS 样式"可打开"CSS 样式"面板设置 CSS 样式表,如图 6.2 所示。

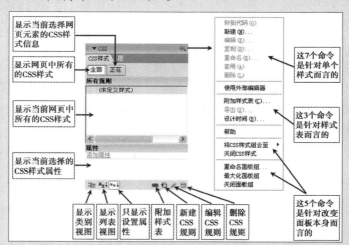

图 6.2

2.CSS 的分类

CSS 层叠样式表可以分为三种:内联样式表(行内样式表)、嵌入样式表和外部样式表。

• 内联样式表:在现有 HTML 元素的基础上,用 style 属性把特殊的样式直接加入到那些控制信息的标记中。

• 嵌入样式表:通常包含在 HTML,文档的头部,即 head 元素中,并且有一个专门的元素 style 来标记这种样式表。

●外部样式表：将样式表作为一个独立的文件保存在计算机上，这个文件以".css"作为文件的扩展名。样式在样式表文件中定义和在嵌入式样式表中的定义是一样的，只是不再需要 style 元素。

在 Dreamweaver CS6 中，内联样式表（行内样式表）可以直接通过属性面板的 CSS 样式属性中的"目标规则"→"新内联样式"进行创建，如图 6.3(a) 所示。内嵌样式表和外部样式表一般都通过点击"CSS 样式"面板的新建按钮来创建，如图 6.3(b) 所示。

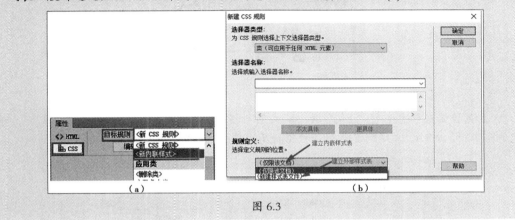

图 6.3

活动实施

1. 新建站点

(1) 把教程附送的素材文件夹"Chapter06"放在计算机 D 盘的根目录下。

(2) 依次单击"站点"→"新建站点'菜单命令，打开"站点设置对象"对话框。在打开的"站点设置对象"对话框中设置站点名称为"项目 6"，点击"本地站点文件夹"文本框后面的"浏览文件夹"按钮，在打开的对话框中选择 "D:\Chapter06\ 素材文件"，如图 6.4 所示。

(3) 单击"保存"按钮，完成站点的创建操作。

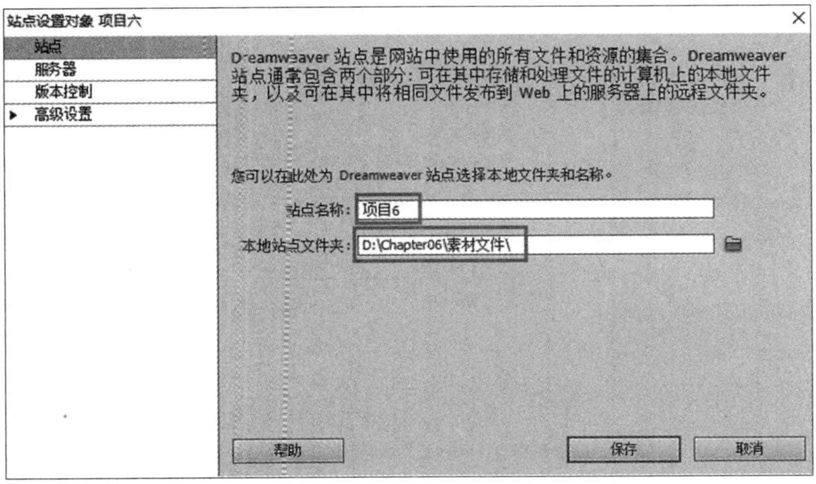

图6.4

2. 编辑主标题

(1) 如图 6.5 所示，在"文件"面板中双击打开网页文件 "任务1\ task6-1.html"，然后在主标题"Amazon 亚马逊案例分析"后单击插入光标。

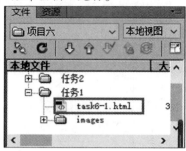

图 6.5

(2) 在属性面板中选择 CSS 样式 <kbd>CSS</kbd>，"目标规则"下拉框，选择"< 新内联样式 >"，单击 <kbd>编辑规则</kbd>，打开 CSS 规则定义对话框进行属性设置，设置如图 6.6、图 6.7 所示。

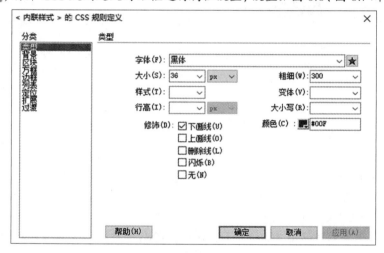

图 6.6

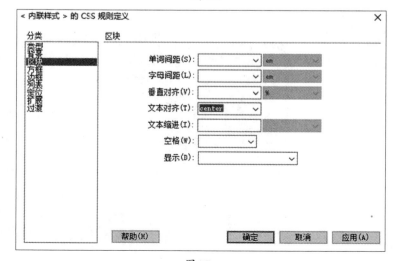

图6.7

3. 另存网页文件为"task6-1-1.html"，并在浏览器中浏览网页效果，最终效果如图 6.1 所示。

活动评价

使用行内样式美化网页是 HTML 应用 CSS 的第一种方法。使用 HTML 属性 style，将属性和值放在 style 属性中即可，适用于样式没有可复用性的场合。在实验操作中注意与直接设置 HTML 元素属性的效果对比学习。

活动2   使用内嵌样式表美化网页

活动要求

对网页文件"task6-1-1.html"进行 CSS 样式的设置及应用，文件另存为"task6-1-2.html"，效果如图 6.8 所示。

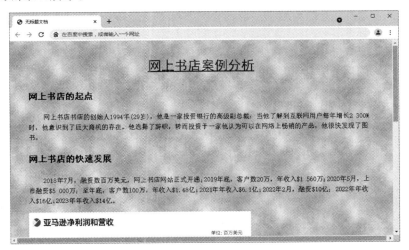

图 6.8

📖 知识窗

1.CSS 规则类型

• 类（可应用于任何 HTML 元素）：CSS 类选择器名称以英文句点（.）开头，如图 6.9 所示。

• ID（仅应用于一个 HTML 元素）：ID 选择器又可以称为标识选择器，它的名字以英文"#"号开头，这种选择器样式一般在页面中只用在一个元素上。

• 标签（重新定义 HTML 元素）："标签（重新定义 HTML 元素）"，可以实现用 CSS 重新定义 HTML 标签的外观的功能。

• 复合内容（基于选择的内容）：例如，针对 <h1> 标签、<h2> 标签、<h3> 标签同时进行了 CSS 规则定义，如图 6.10 所示。复合内容"选择器名称"下拉列表框中包含 4 个有关超级链接的选择器名称，利用它们可以对超级链接的外观进行重新定义。a: link: 超级链接的正常状态；a: visited: 访问过的超级链接状态；a: hover: 鼠标指针指向超级链接的状态；

a: active: 选中超级链接状态。

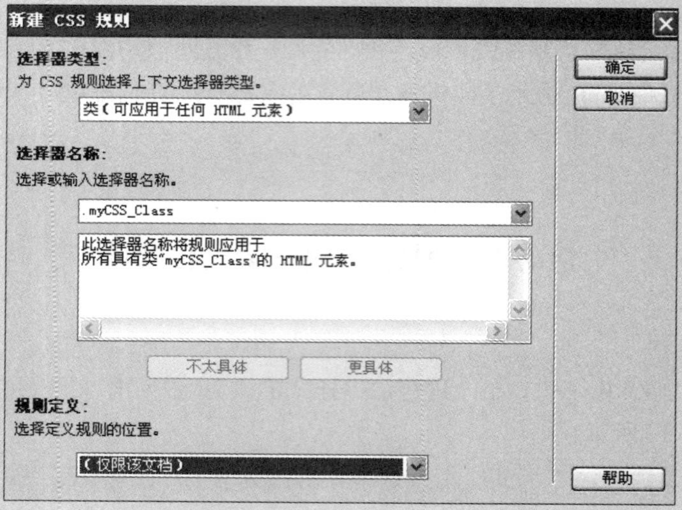

图 6.9

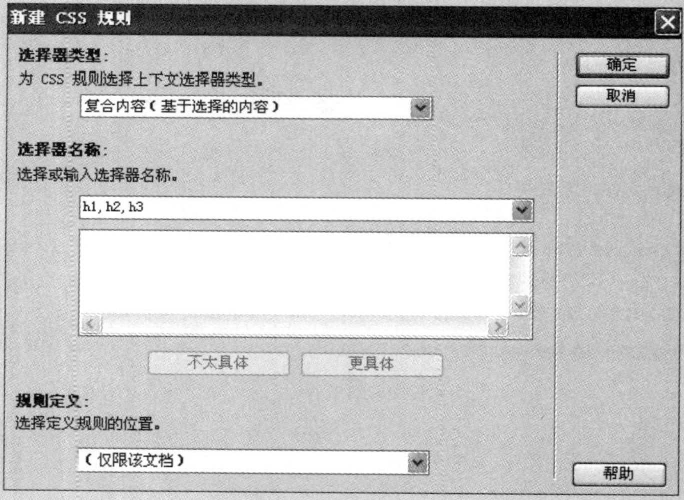

图 6.10

2.CSS 样式的应用

套用样式表的方法主要有以下 3 种：

(1) 在"属性"面板中选择应用特定的样式

打开"属性"面板，在"类"下拉列表框中列出了已经定义的一些类规则。在 ID 下拉列表框中列出了已经定义的一些 ID 规则，如图 6.11 所示。

(2) 利用"标签选择器"选择样式

在 <p> 标签上右击，在弹出的快捷菜单中选择"设置类"→"mycss1"命令，则可以快速把已经定义的 mycss1 样式指定给 <p> 标签，如图 6.12 所示。

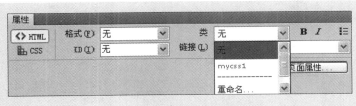

图 6.11

图 6.12

(3) 使用快捷菜单

可以从快捷菜单中直接给对象指定一个样式。首先选中对象,右击,在快捷菜单中指定样式,如图 6.13 所示。

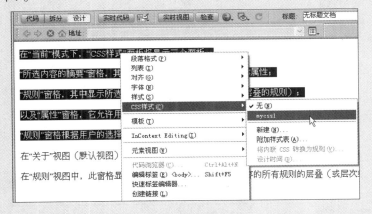

图 6.13

活动实施

(1) 打开"活动 1"完成的网页文件"task6-1-1.html"。

(2) 在"CSS 样式"面板单击"新建"按钮,打开"新建 CSS 规则"对话框,选择器类型选择"标签",选择器名称通过下拉列表选择为"h4",规则定义为"仅限该文档",然后单击"确定"按钮,进入"CSS 规则定义"对话框进行属性设置,如图 6.14 所示,完成后观看网页小标题自动套用样式后的变化。

(3) 在"CSS 样式"面板单击"新建"按钮,打开"新建 CSS 规则"对话框,选择器类型选择"标签",选择器名称通过下拉列表选择"body",规则定义为"仅限该文档",然后单击"确定"按钮,进入"CSS 规则定义"对话框进行属性设置,如图 6.15、图 6.16 所示,完成后观看自动套用样式后网页背景、页边距等的变化。

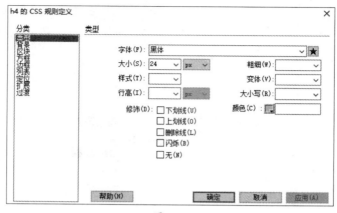

图 6.14

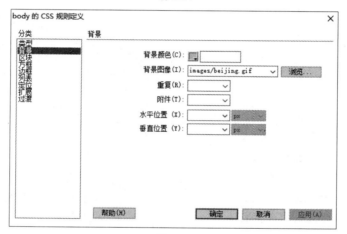

图 6.15

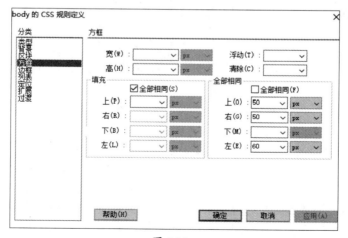

图 6.16

(4) 继续在"CSS 样式"面板中单击"新建"按钮,打开"新建 CSS 规则"对话框,选择器类型选择"类",选择器名称为"aa",规则定义为"仅限该文档",然后单击"确定"按钮进入"CSS 规则定义"对话框进行属性设置,如图 6.17、图 6.18 所示。

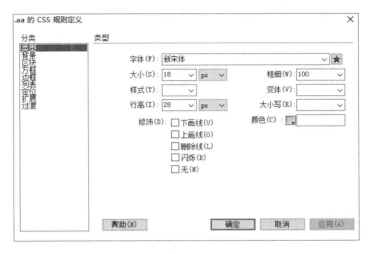

图 6.17

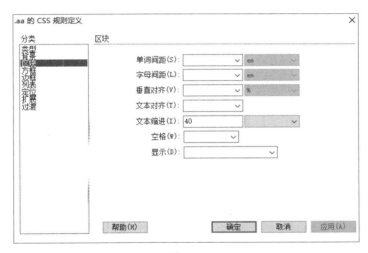

图 6.18

(5) 选中网页文档一个段落的内容如图 6.19 所示。单击鼠标右键,选择快捷菜单的"CSS 样式"→".aa"实现类样式的应用。

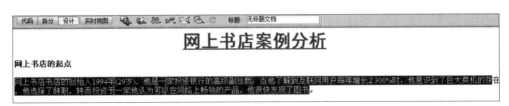

图 6.19

(6) 再次选中网页文档另一个段落的内容,如图 6.20 所示。打开"属性"面板,在"类"下拉列表框中选中已经定义的类规则"aa" 实现类样式的应用。

图 6.20

(7) 网页文件另存为"task6-1-2.html",并在浏览器中浏览网页效果,最终效果如图 6.8 所示。

活动评价

使用内嵌样式表美化网页是作为一个独立区域内嵌在网页里,必须写在head标签里面。写在HTML页面内部,存放于head标记当中,样式写在style标记内。注意:style标记不要写在title标记上方。

任务2 》》》》》》
使用CSS美化文本与图像

情境设计

小白初步认识了CSS样式表的威力,在掌握了CSS样式表的设置与应用后兴奋不已,决定要好好学习CSS样式表的功能。但在学习的过程中,小白对CSS规则定义中的许多属性设置还是不太明白,于是他虚心请教老师。老师通过案例实践帮助小白熟悉CSS规则定义中常用属性的设置及作用。

任务分解

本次任务是在Dreamweaver CS6中,通过对网页文档设置和应用CSS类样式、标签样式完成对网页中的文本和图像美化的工作。要完成该任务,必须熟悉CSS规则定义中属性的设置及作用,本任务重点掌握和理解与文本、图像相关的属性设置。

因此,本任务可以分解为两个活动:认识文本相关CSS属性和使用CSS样式设置网页背景。

活动1 认识文本相关 CSS 属性

活动要求

对网页文件"task6-2.html"的文本进行CSS样式的设置及应用,文件另存为"task6-2-1.html",效果如图6.21所示。

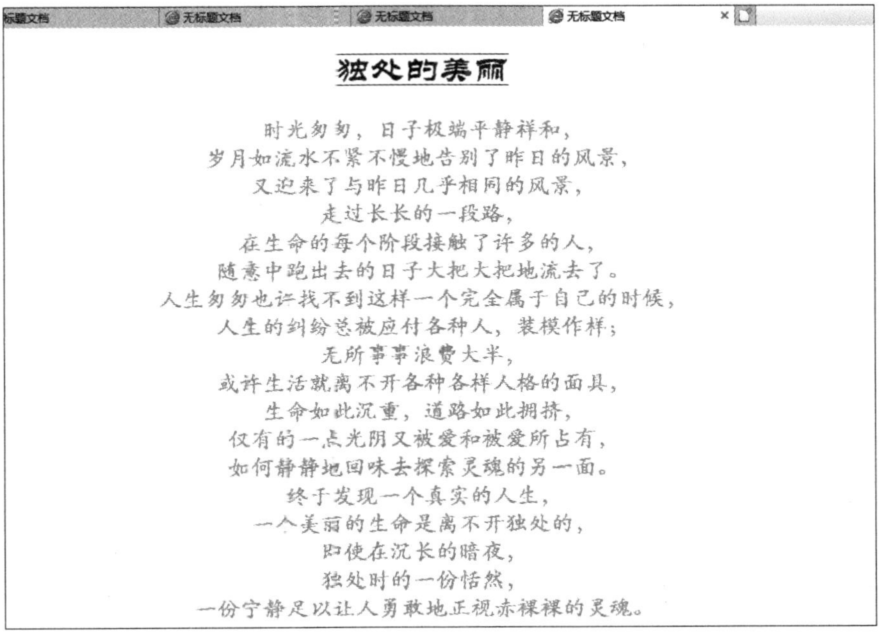

图 6.21

□ 知识窗

1.CSS 规则定义中的属性概述 (见表 6.1)

表6.1

类别	功能
类型	用于定义网页中文本的字体、颜色、风格等，包含 9 个属性
背景	设置网页元素的背景颜色或图像的样式，包含 6 个属性
区块	控制区块中内容的间距，对齐方式和缩进，包含 7 个属性
方框	控制元素在页面上的放置方式，包含 12 个属性
边框	定义元素周围边框的样式，包含 12 个属性
列表	设置列表的风格，包含 3 个属性
定位	用于精确控制元素的位置，包含 14 个属性
扩展	设置打印分页符和各种滤镜视觉效果

2.CSS 规则定义中与文本相关属性详解

(1) 类型

类型选项主要是对文字的字体大小、颜色、效果等基本样式进行设置。可只对要改变的属性进行设置，不改变的属性就使之为空。这些属性包括 Font-family(字体)、Fonsize(字体大小)、Font-style(字体样式)、Line-height(行高)、Text-decoration(修饰)、Font-weight(字体粗细)、Font-variant(变体)、Text-transform(大小写)、Color(颜色)，如图 6.22 所示。

图 6.22

(2) 区块

区块选项是设置对象文本文字间距、对齐方式、上标、下标、排列方式、首行缩进等。属性包括：Word-spacing(单词间距)、Letter-spacing(字母间距)、Vertical-align(垂直对齐)、Text-align(文本对齐)、Text-indent(文字缩进)、White-space(空格)、Display(显示)，如图 6.23 所示。

图 6.23

活动实施

(1) 导入"项目 6"站点，在 "文件"面板中双击打开网页文件 "任务 2\ task6-2.html"。

(2) 在"CSS 样式"面板单击"新建"按钮，打开"新建 CSS 规则"对话框，选择器类型选择

"类"，选择器名称设为"style1"，规则定义为"仅限该文档"，然后单击"确定"按钮，进入"CSS 规则定义"对话框进行属性设置，如图 6.24、图 6.25 所示。

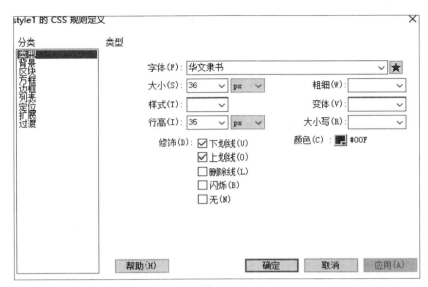

图 6.24

(3) 选中网页文档的标题"独处的美丽"，然后单击鼠标右键，选择快捷菜单的"CSS 样式"→"style1"，实现类样式的应用。

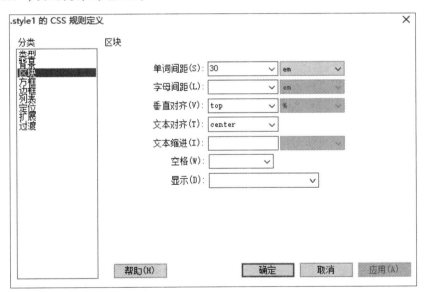

图 6.25

(4) 在"CSS 样式"面板中单击"新建"按钮，打开"新建 CSS 规则"对话框，选择器类型选择"类"，选择器名称设为"style2"，规则定义为"仅限该文档"，然后单击"确定"按钮，进入"CSS 规则定义"对话框进行属性设置，如图 6.26、图 6.27 所示。

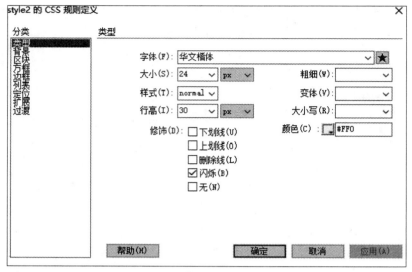

图 6.26

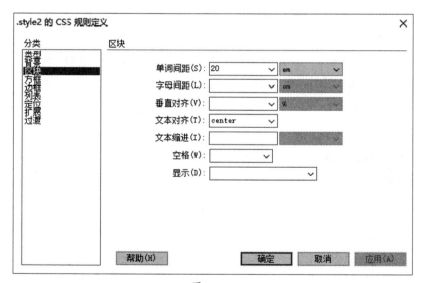

图 6.27

(5)单击网页正文部分,在"标签选择器"上选定标签<p>,如图6.28所示;在<p>标签上右击,在弹出的快捷菜单中选择"设置类"→"style2"命令,如图6.29所示;把已经定义的style2样式指定给<p>标签。

(6)在"CSS样式"面板中单击"新建"按钮,打开"新建CSS规则"对话框,选择器类型选择"标签",选择器名称设为"body",规则定义为"仅限该文档",然后单击"确定"按钮,进入"CSS规则定义"对话框进行属性设置,如图6.30所示。

图 6.28

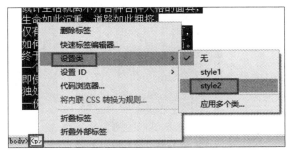

图 6.29

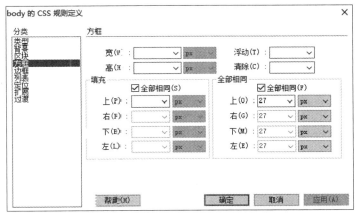

图 6.30

(7) 观看 body 样式的自动套用效果，网页文件另存为"task6-2-1.html"，并在浏览器中浏览网页效果，其最终效果如图 6.21 所示。

活动评价

与文本相关CSS属性比较多，需要通过不同的活动实践加强对各属性应用的理解。同时要善于结合CSS其他的分类属性设置来美化网页。

活动 2　使用 CSS 样式设置网页背景

活动要求

打开"task6-2-1.html"文件，使用CSS样式设置网页文档的背景图像，效果如图6.31所示。

图6.31

□ 知识窗

CSS 规则定义中与背景相关属性详解。

背景选项主要是对元素背景进行设置,包括背景颜色、背景图像、背景图像控制。一般是对 BODY(页面)、TABLE(表格)、DIV(区域)的设置。背景属性包括 Background-color(背景颜色)、Background-image(背景图像)、Background-repeat(背景重复)、Background-attachment(背景附件)、Background-position(背景水平位置)、Background-position(背景垂直位置),如图 6.32 所示。

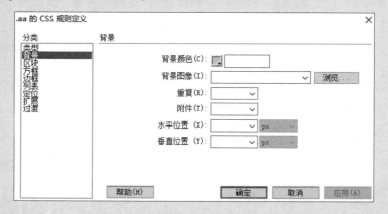

图 6.32

活动实施

(1) 在 Dreamweaver CS6 打开"项目六"站点下的网页文件"task6-2-1.html"。

(2) 在"CSS 样式"面板中双击样式"style1",如图 6.33 所示,进入"style1 的 CSS 规则定义"对话框。

(3) 选择"背景"进行属性设置，如图 6.34 所示，观看网页更新后的变化效果。

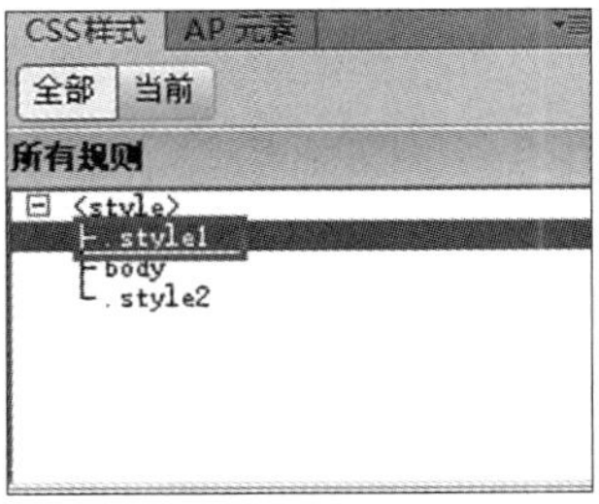

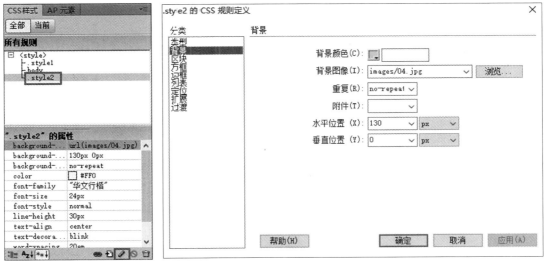

图 6.33 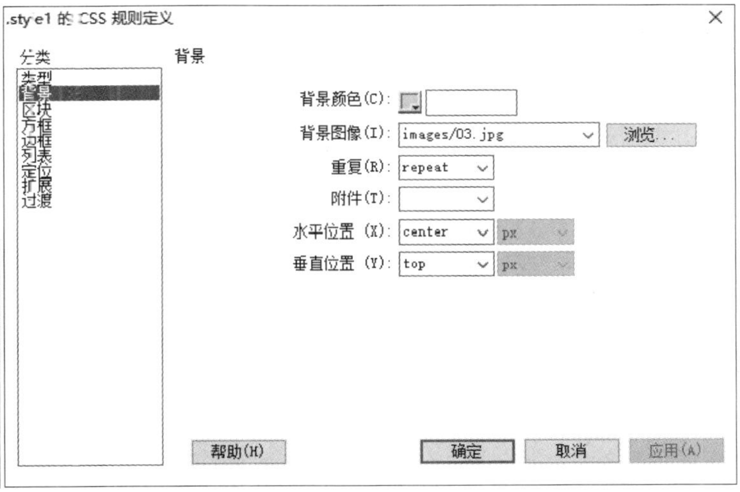　　　　　　　　　　　　图 6.34

(4) 在"CSS 样式"面板单击选中样式"style2"，单击"编辑"按钮，如图 6.35 所示，进入"style2 的 CSS 规则定义"对话框。

(5) 选择"背景"进行属性设置，如图 6.36 所示。

(6) 网页文件另存为"task6-2-2.html"，并在浏览器中浏览网页效果，其最终效果如图 6.31 所示。

图 6.35　　　　　　　　　　　　图 6.36

活动评价

与背景相关 CSS 属性不多，但有些属性不太好理解，比如 Background-repeat(背景重复)；Background-attachment(背景附件)；Background-position(背景水平位置)；Background-position(背景垂直位置)。需要通过大量的实践操作来理解相关的参数设置及应用效果。

任务3 >>>>>>>>>>
使用CSS布局网页

情境设计

小白通过前面的学习,已经体验到了CSS带来的方便与惊喜,但是,前面所了解到的仅仅是关于CSS对于文本与图像的样式控制,既然能够使用CSS来控制文本与图像的样式,那能不能使用CSS来控制页面布局操作呢?于是小白继续查找资料,以解心中疑惑。

任务分解

本次任务是掌握盒模型的重要概念,如边框、内边距、外边距等,如何使用Div+CSS对网页进行布局操作,以及使用Div+CSS模式对页面图片展示内容进行美化设置的操作。

因此,本任务可以分解为两个活动:使用Div+CSS布局网页;使用Div+CSS制作图片展示页。

活动1　使用 Div+CSS 布局网页

活动要求

使用Div+CSS完成网店首页的布局与制作,如图6.37所示,完成后以"task6-3-1.html"为文件名保存到"task6-3"文件夹。

图6.37

□ 知识窗

1. 盒子模型 (Box Model)

盒子模型，又称盒模型，英文即 box model。无论是 div、span，还是 a，都是盒子。但是，图片、表单元素一律看作文本，它们并不是盒子。比如说，一张图片里并不能放东西，它自己就是自己的内容。

2. 盒子模型的属性

一个盒子中主要的属性就 5 个：width、height、padding、border、margin。其示意图如图 6.38 所示。

图 6.38

• width 和 height：内容的宽度、高度 (不是盒子的宽度、高度)。

• padding：内边距。

• border：边框。

• margin：外边距。

3. 盒子模型的平面结构图如图 6.39(a) 所示，三维立体结构图如图 6.39(b) 所示。

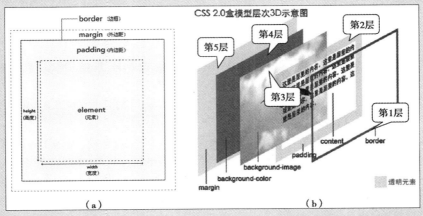

图 6.39

4. 外边距 (margin)

外边距用于控制元素与元素之间的距离,可设置盒子模型上、右、下、左 4 个方向的外边距值,见表 6.2。

表 6.2

属性	语法规则	说明
margin–left	margin–left: 5px;	左外边距为 5px
margin–right	margin–right: 10px;	右外边距为 10px
margin–top	margin–top: 20px;	上外边距为 20px
margin–bottom	margin–bottom: 15px;	下外边距为 15px

也可以同时设置 4 个方向的外边距,见表 6.3。

表 6.3

属性	语法规则	说明
margin	margin:10 px;	设置 4 个方向外边距均为 10 px
	margin:10 px 5 px;	上、下外边距为 10 px
		左、右外边距为 5 px
	margin:20 px 8 px 10 px;	上外边距为 20 x
		左、右外边距为 8 px
		下外边距为 10 px
	margin:10 px 5 px 8 px 10 px;	上外边距为 10 px
		右外边距为 5 px
		下外边距为 8 px
		左外边距为 10 px

5. 内边距 (padding)

内边距用于控制内容与边框之间的距离,可设置盒子模型上、右、下、左 4 个方向的内边距值,设置方式与 margin 属性相同。

活动实施

(1) 打开 Dreamweaver CS6 并新建一个 HTML 文档,切换至"设计"视图,更改文档标题,以"task6-3-1.html"为文件名保存到"task6-3"文件夹中。

(2) 在"属性"面板中单击"页面属性"按钮,打开"页面属性"对话框,如图 6.40(a) 所示,在"外观"选项卡中设置相应属性。

(3) 依次单击"插入"→"布局对象"→"Div 标签"菜单命令,打开的"插入 Div 标签"对话框,在"插入"下拉列表框中选择"在插入点",在"ID"框中输入"nav",如图 6.40(b) 所示;然后单击"新建 CSS 规则"按钮,在打开的"新建 CSS 规则"对话框"规则定义"下拉列表框中选择"(仅限该文档)",如图 6.41(a) 所示;然后单击"确定"按钮,打开"#nav 的 CSS 规则定义"对话框。

(a)

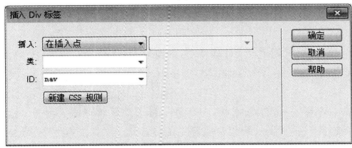

(b)

图 6.40

(a)

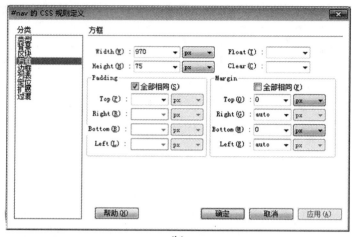

(b)

图 6.41

(4) 在"#nav 的 CSS 规则定义"对话框中,如图 6.41(b) 所示设置 CSS 样式,然后单击"确定"按钮,并将"此处显示 id "nav" 的内容"文字删除,插入"top.jpg"图片,完成顶部导航栏的布局制作。

(5) 依次单击"插入"→"布局对象"→"Div 标签"菜单命令,打开"插入 Div 标签"对话框,在"插入"项的第 1 个下拉列表框中选择"在标签之后",在第 2 个下拉列表框中选择"<div id="nav">",在"ID"名框中输入"banner",如图 6.42(a) 所示;然后单击"新建 CSS 规则"按钮,在打开的"新建 CSS 规则"对话框中单击"确定"按钮,打开"#banner 的 CSS 规则定义"对话框,如图 6.42(b) 所示设置 CSS 样式;然后单击"确定"按钮,并将"此处显示 id "banner" 的内容"文字删除,插入"banner.jpg"图片,完成 banner 部分的布局制作。

(6) 参照第 6 步,完成"#main"与"#bottom"两个区域的布局操作,相应 CSS 样式设置如图 6.43(a)、(b) 所示,并在"#bottom"中插入"bottom.jpg"图片。

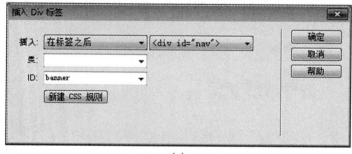

(a)

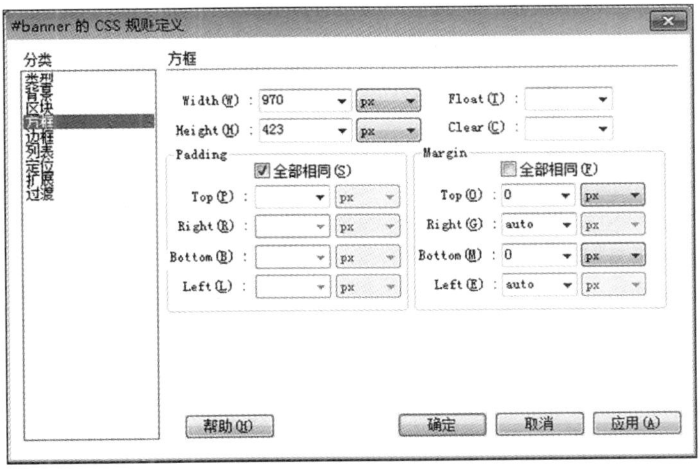

(b)

图6.42

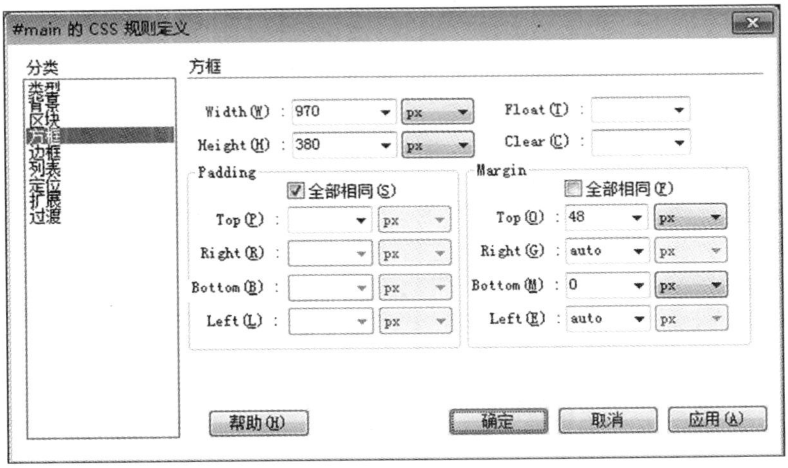

(a)

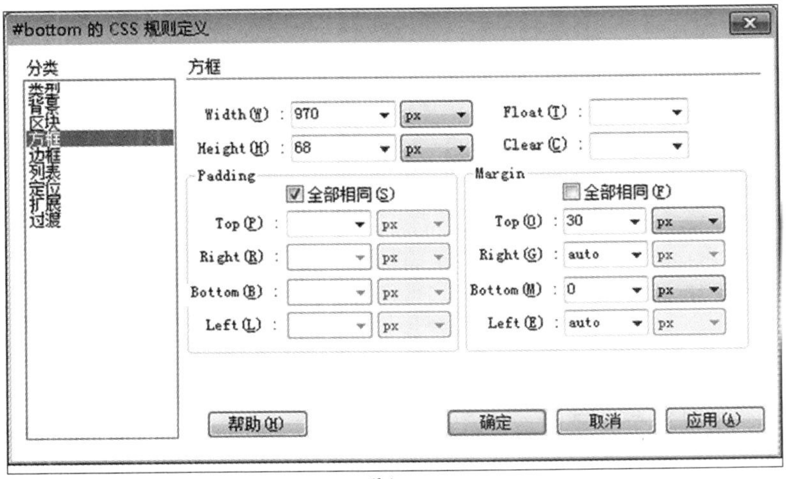

(b)

图6.43

(7) 依次单击"插入"→"布局对象"→"Div 标签"菜单命令, 打开"插入 Div 标签"对话框, 在"插入"项第 1 个下拉列表框中选择"在开始标签之后", 在第 2 个下拉列表框中选择"<div id="main">", 在"ID"名框中输入"left", 如图 6.44(a) 所示, 然后单击"确定"按钮。

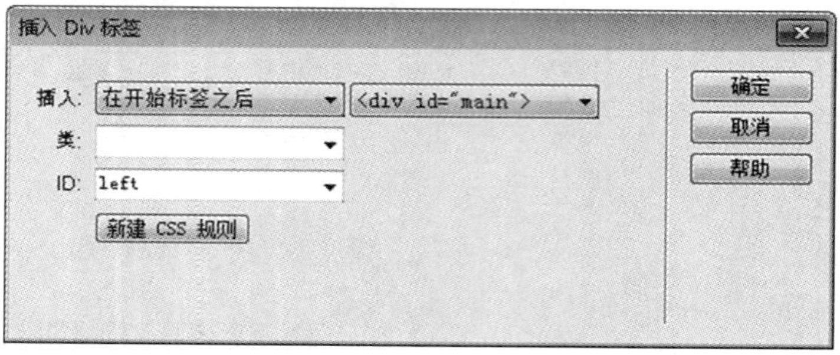

(a)

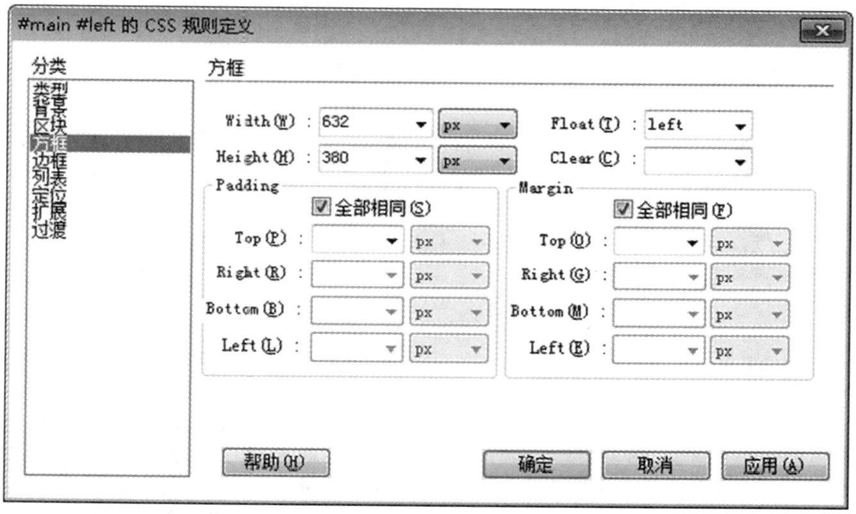

(b)

图 6.44

(8) 选择"此处显示 id "left" 的内容"文字, 在"CSS 样式"面板中单击"新建 CSS 规则"按钮, 在打开的"新建 CSS 规则"对话框中单击"确定"按钮, 打开"#main #left 的 CSS 规则定义"对话框, 如图 6.44(b) 所示设置 CSS 样式, 将"此处显示 id "left" 的内容"文字删除, 并在其中插入图片"con-left.jpg"。

(9) 依次单击"插入"→"布局对象"→"Div 标签"菜单命令, 打开"插入 Div 标签"对话框, 在"插入"项的第 1 个下拉列表框户选择"在结束标签之前", 在第 2 个下拉列表框中选择"<div id="main">", 在"ID"名框中输入"right", 如图 6.45(a) 所示, 然后单击"确定"按钮。

(10) 选择"此处显示 id "right" 的内容"文字, 在"CSS 样式"面板中单击"新建 CSS 规则"按钮, 在打开的"新建 CSS 规则"对话框中单击"确定"按钮, 打开"#main #right 的 CSS 规则定义"对话框, 如图 6.45(b) 所示设置 CSS 样式。将"此处显示 id "right" 的内容"文字删除, 并在其中插入图片"con-right.jpg"。

(a)

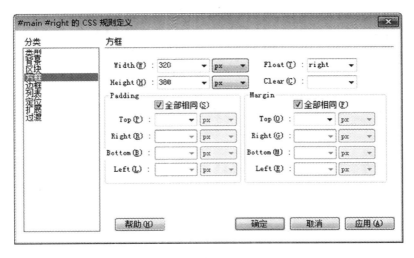

(b)

图 6.45

活动评价

盒模型是Div+CSS网页布局中一个比较重要的概念，也是一个难点。通过本次活动，掌握盒模型的概念，并能实际运用到网页制作当中，能灵活运用盒模型相关知识对网页进行布局操作。

活动 2　使用 Div+CSS 制作图片展示页

活动要求

使用Div+CSS完成图片展示页的制作，如图6.46所示，完成后以"task6-3-2.html"为文件名保存到"task6-3"文件夹中。

最新主题样片

图 6.46

□ 知识窗

1. 标准文档流

标准文档流指的是元素排版布局过程中，元素会默认自动从左往右、从上往下地流式排列。最终窗体自上而下分成一行行，并在每行中以从左至右的顺序排放元素。标准文档流分为两类：

• 块级元素 (block level)：以一个块的形式表现出来，并且跟同级的兄弟块依次竖直排列，左右撑满，占有独立空间，如 div 标签就是一个通用的块级元素。

• 行内元素 (inline)：各个元素之间横向排列，到最右端自动折行，标签本身不占有独立的区域，仅仅在其他元素的基础上指定了一定范围，如 span 标签就是一个通用的行内元素。

块级元素与行内元素的演示效果如图 6.47 所示。

图 6.47

2.display 属性

display 属性用于指定 HTML 标签的显示方式，常用的属性值有 3 个，见表 6.4。

表 6.4

属性	常用值	说明
display	block	将元素显示为块级元素，该元素前后会带有换行符
	inline	默认值。元素会被显示为行内元素，该元素前后没有换行符
	none	该元素不会被显示

3.float 属性

float 属性用于定义元素的浮动方向,其属性值有 3 个,见表 6.5。

表 6.5

属性值	说明
left	元素向左浮动
right	元素向右浮动
none	默认值。元素不浮动,并会显示在其文本中出现的位置

4.clear 属性

clear 属性用于规定元素的哪一侧不允许其他浮动元素,常用于清除浮动带来的影响和扩展盒子高度,其属性值有 4 个,见表 6.6。

表 6.6

属性值	说明
left	在左侧不允许浮动元素
right	在右侧不允许浮动元素
both	在左、右两侧不允许浮动元素
none	默认值。允许浮动元素出现在两侧

5.overflow 属性

overflow 属性用于处理盒子中的内容溢出,overflow 必须配合 width 属性使用,其属性值有 4 个,见表 6.7。

表 6.7

属性值	说明
visible	默认值。内容不会被修剪,会呈现在盒子之外
hidden	内容会被修剪,并且其余内容是不可见的
scroll	内容会被修剪,但是浏览器会显示滚动条以便查看其余内容
auto	如果内容被修剪,则浏览器会显示滚动条以便查看其余的内容

活动实施

(1) 打开 Dreamweaver CS6 并新建一个 HTML 文档,切换至"设计"视图,更改文档标题为"2019 最新主题样片",以"task6-3-2.html"为文件名保存到"task6-3"文件夹中。

(2) 依次单击"插入"→"布局对象"→"Div 标签"菜单命令,打开"插入 Div 标签"对话框,在"插入"下拉列表框中选择"在插入点",在"ID"框中输入"content",如图 6.48(a) 所示;然后单击"新建 CSS 规则"按钮,在打开"新建 CSS 规则"对话框的"规则定义"下拉列表框中选择"仅限该文档",然后单击"确定"按钮,打开"# content 的 CSS 规则定义"对话框,如图 6.48(b) 所示设置 CSS 样式。

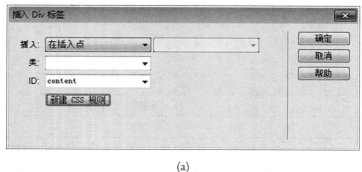

(a)

(b)

图 6.48

(3) 删除"此处显示 id "content" 的内容"文字,输入"最新主题样片",并将其设置为"标题 3"格式。

(4) 将光标定位到"最新主题样片"文字中,然后单击"CSS 样式"面板中的"新建 CSS 规则"按钮,在打开的"新建 CSS 规则"对话框中单击"确定"按钮,打开"#content h3 的 CSS 规则定义"对话框,如图 6.49(a)、(b) 所示设置 CSS 样式。

(a)

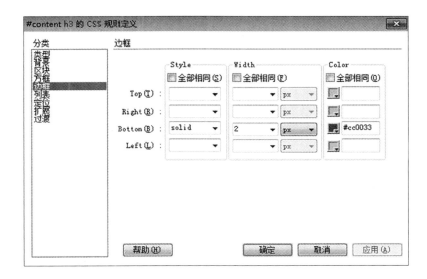

(b)

图 6.49

(5) 切换到"代码"视图,在"最新主题样片"文字两端添加 <span> 标签,如图 6.50 所示。再切换到"设计"视图,将光标定位到"最新主题样片"文字中,单击"CSS 样式"面板中的"新建 CSS 规则"按钮,在打开的"新建 CSS 规则"对话框中单击"确定"按钮,打开"#content h3 span 的 CSS 规则定义"对话框,设置 CSS 样式,如图 6.51(a)、(b),图 6.52(a)、(b) 所示。

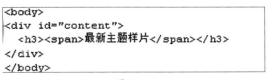

图 6.50

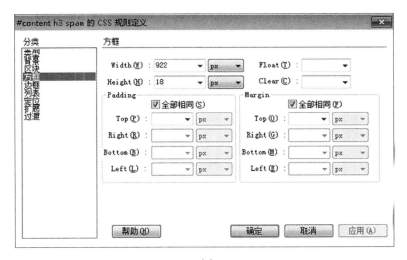

(a)

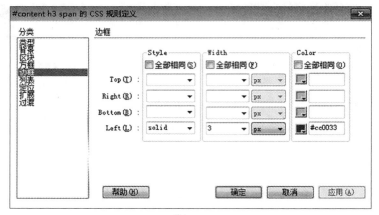

(b)

图 6.51

(a)

(b)

图6.52

(6) 在"最新主题样片"文字后面单击,然后按回车键另起一行,插入"pic-1.jpg"图片,并为图片添加空链接;按回车键另起一行,插入"pic-2.jpg"图片,并为图片添加空链接。重复上述操作,将其余 10 张图片插入页面中。选择刚刚插入的所有图片,在"属性"面板单击"项目列表"按钮将其转换为项目列表。

(7) 选择任意一张图片,在"标签选择器"中单击"<ul>"按钮,在"CSS 样式面板"中单击"新建 CSS 规则"按钮,在打开的"新建 CSS 规则"对话框中单击"确定"按钮,打开"#content ul 的 CSS 规则定义"对话框,如图 6.53(a)、(b) 所示设置 CSS 样式。

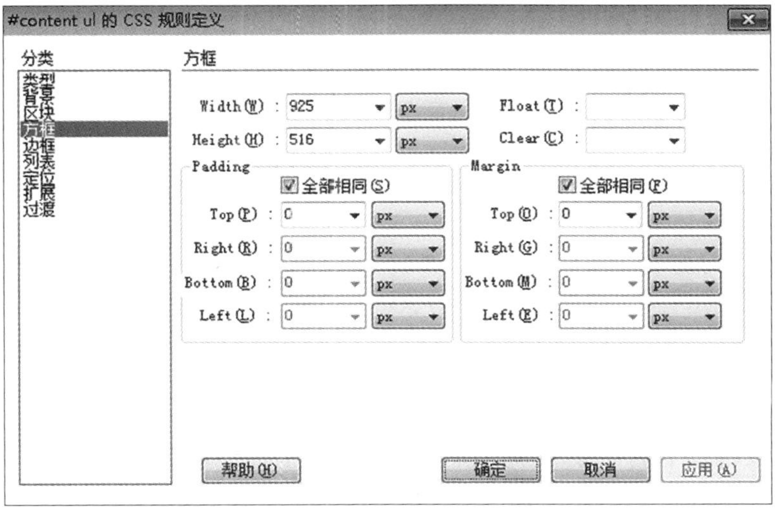

(a)

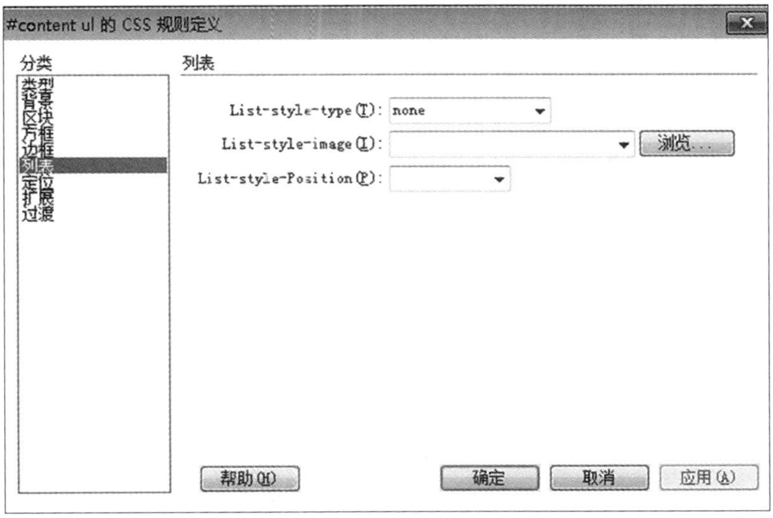

(b)

图 6.53

(8) 选择任意一张图片，在"标签选择器"中单击"<li>"按钮，在"CSS 样式面板"中单击"新建 CSS 规则"按钮，在打开的"新建 CSS 规则"对话框中单击"确定"按钮，打开"#content ul li 的 CSS 规则定义"对话框，如图 6.54 所示设置 CSS 样式。

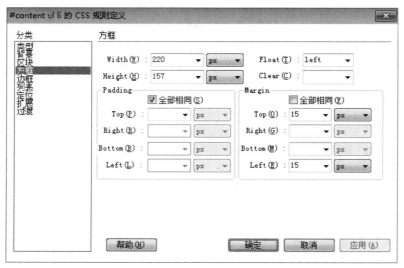

图 6.54

(9) 选择任意一张图片，在"标签选择器"中单击"<li>"按钮，在"CSS 样式面板"中单击"新建 CSS 规则"按钮。在打开的"新建 CSS 规则"对话框"选择器名称"框中输入"#content ul li.first"，如图 6.55(a) 所示；然后单击"确定"按钮，打开"#content ul li.first 的 CSS 规则定义"对话框，如图 6.55(b) 所示设置 CSS 样式。

(a)

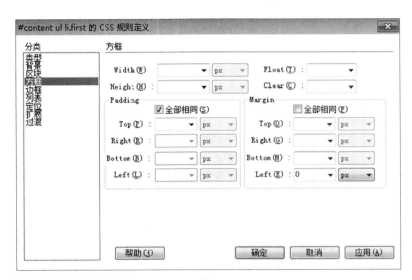

(b)

图 6.55

(10) 选择第 1 张图,在"标签选择器"中单击"<li>"按钮,在"属性"面板的"类"下拉列表框中选择"first",如图 6.56 所示。参照同样的方法设置第 5 张图与第 9 张图。

图 6.56

活动评价

通过本次活动,掌握使用Div+CSS对网页内容进行布局与美化操作,进一步理解盒模型的概念及应用。在本活动中,通过具体案例——图片展示区的制作,能更好地理解与掌握Div+CSS布局与美化网页的思想。

任务4 》》》》》》》》
使用CSS设置背景

情境设计

小白通过对盒模型的学习,对Div+CSS有了更深一层的认识,已经可以使用Div+CSS思想来制作基本的网页。但很多时候, 网页中常常会用到背景图像, 那么通过CSS样式又该如何设置背景呢?

任务分解

本次任务主要是让学生掌握背景相关的CSS样式的设置操作, 并能够灵活运用背景相关CSS样式制作相关网页。

因此, 本任务可以分解为两个活动: 认识背景相关CSS属性; 制作淘宝登录页面。

活动1　认识背景相关 CSS 属性

活动要求

结合背景相关CSS样式, 完成 "我的应用" 的制作, 如图6.57所示, 完成后以 "task6-4-1.html" 为文件名保存到 "task6-4" 文件夹中。

图 6.57

🔲 知识窗

1.CSS 背景

CSS 背景属性用于定义 HTML 元素的背景, 如图 6.58 所示, 可在 Dreamweaver CS6 的 "CSS 规则定义" 对话框的 "背景" 选项卡中进行 CSS 背景设置。CSS 背景包含以下几个常用属性:

- 背景颜色 (background-color): 用于设置网页元素的背景颜色。
- 背景图像 (background-image): 用于设置网页元素的背景图像。
- 背景重复 (background-repeat): 用于控制图像平铺的方式和方向。
- 背景定位 (background-position): 用于控制图像在背景中的位置。

2. 背景重复 (background-repeat)

用于控制图像平铺的方式和方向,属性值有 4 个,见表 6.8。

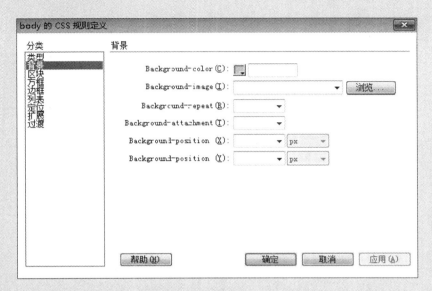

图 6.58

表 6.8

属性值	说明
visible	默认值。内容不会被修剪,会呈现在盒子之外
hidden	内容会被修剪,并且其余内容是不可见的
scroll	内容会被修剪,但是浏览器会显示滚动条以便查看其余内容
auto	如果内容被修剪,则浏览器会显示滚动条以便查看其余的内容

活动实施

(1) 打开 Dreamweaver CS6 并新建一个 HTML 文档,切换至"设计"视图,更改文档标题为 "我的应用",以"task6-4-1.html"为文件名保存到"task6-4"文件夹中。

(2) 依次单击"插入"→"布局对象"→"Div 标签"菜单命令,打开"插入 Div 标签"对话框, 在"插入"下拉列表框中选择"在插入点",在"ID"框中输入"content",如图 6.59(a) 所示;然后 单击"新建 CSS 规则"按钮,在打开的"新建 CSS 规则"对话框"规则定义"下拉列表框中选择"仅 限该文档",然后单击"确定"按钮,打开"# content 的 CSS 规则定义"对话框,如图 6.59(b) 所 示设置 CSS 样式。

(3) 删除"此处显示 id "content" 的内容"文字,输入"我的应用 (8)"与"占位"文字,选择 输入的文字并将其设置为"标题 3"格式,选择"占位"文字并为其添加空链接。

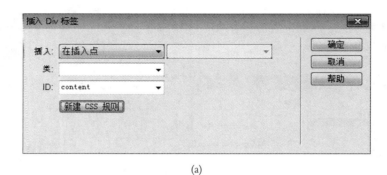

(a)

(b)

图 6.59

(4) 将光标定位到"我的应用 (8)"文字中,在"标签选择器"中单击"<h3>"按钮,然后单击"CSS 样式"面板中的"新建 CSS 规则"按钮。在打开的"新建 CSS 规则"对话框中单击"确定"按钮,打开"#content h3 的 CSS 规则定义"对话框,如图 6.60(a)、(b),图 6.61(a)、(b) 所示设置 CSS 样式。

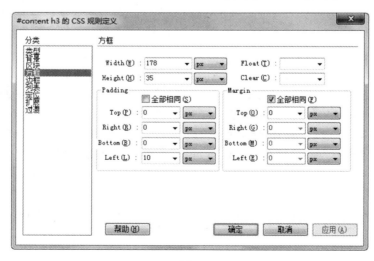

(a)

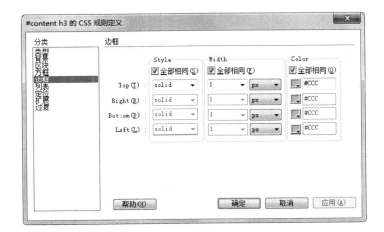

(b)

图 6.60

(a)

(b)

图 6.61

(5) 将光标定位到"占位"文字中, 在"标签选择器"中单击"<a>"按钮, 然后单击"CSS 样式"面板中的"新建 CSS 规则"按钮。在打开的"新建 CSS 规则"对话框中单击"确定"按钮打开"#content h3 a 的 CSS 规则定义"对话框, 如图 6.62(a)、(b), 图 6.63(a) 所示设置 CSS 样式。

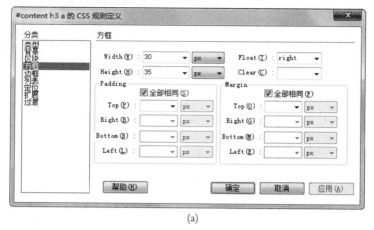

(a)

(b)

图 6.62

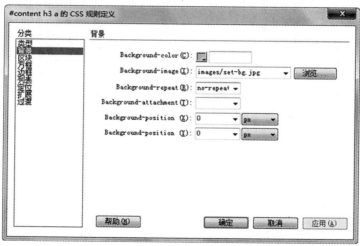

(a)

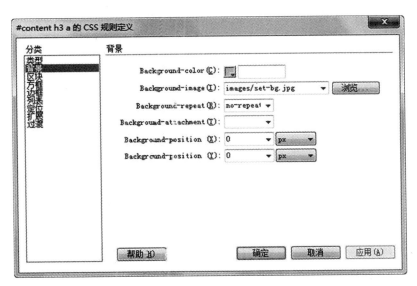

(b)

图 6.63

(6) 将光标定位到"占位"文字中,在"标签选择器"中单击"<a>"按钮,然后单击"CSS 样式"面板中的"新建 CSS 规则"按钮。在打开的"新建 CSS 规则"对话框中的"选择器名称"框中输入"#content h3 a: hover",然后单击"确定"按钮,打开"#content h3 a: hover 的 CSS 规则定义"对话框,如图 6.63(b) 所示设置 CSS 样式。

(7) 删除"占位"两个字。在"我的应用 (8)"文字后面单击鼠标,然后按回车键另起一行,输入"转账到支付宝"并添加空链接。参照同样的方法输入其他文字并添加空链接。

(8) 选择"转账到支付宝"~"医院挂号"这 8 行文字,在"属性"面板中单击"项目列表"将其转换为项目列表。

(9) 在"转账到支付宝"文字中单击鼠标,在"标签选择器"中单击"<ul>"按钮,然后单击"CSS样式"面板中的"新建 CSS 规则"按钮。在打开的"新建 CSS 规则"对话框中单击"确定"按钮,打开"#content ul 的 CSS 规则定义"对话框,如图 6.64,图 6.65(a)、(b) 所示设置 CSS 样式。

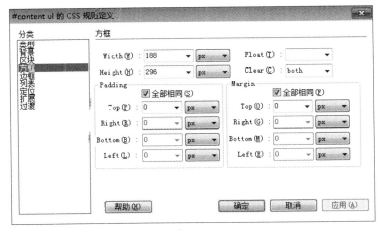

图6.64

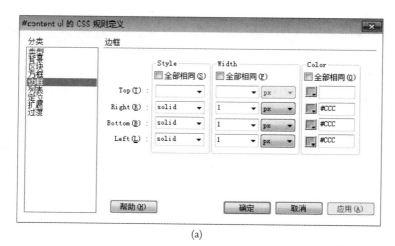

(a)

(b)

图 6.65

(10) 在"转账到支付宝"文字中单击鼠标,在"标签选择器"中单击"<a>"按钮,然后单击"CSS 样式"面板中的"新建 CSS 规则"按钮。在打开的"新建 CSS 规则"对话框中单击"确定"按钮,打开"#content ul li a 的 CSS 规则定义"对话框,如图 6.66(a)、(b),图 6.67(a)、(b) 所示设置 CSS 样式。

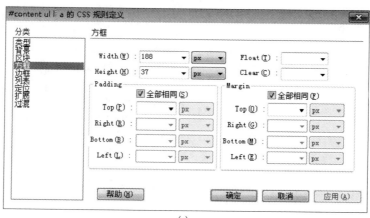

(a)

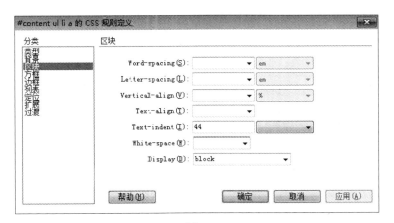

(b)

图 6.66

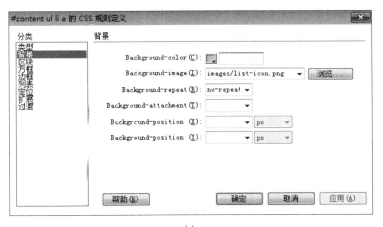

(a)

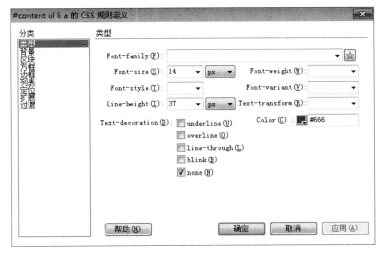

(b)

图 6.67

(11) 在"CSS 样式"面板中单击"新建 CSS 规则"按钮,在打开"新建 CSS 规则"对话框的"选择器名称"框中输入"#content ul li a.list-1",如图 6.68(a) 所示;然后单击"确定"按钮,打开"#content ul li a.list-1 的 CSS 规则定义"对话框,设置 CSS 样式如图 6.68(b) 所示。

(a)

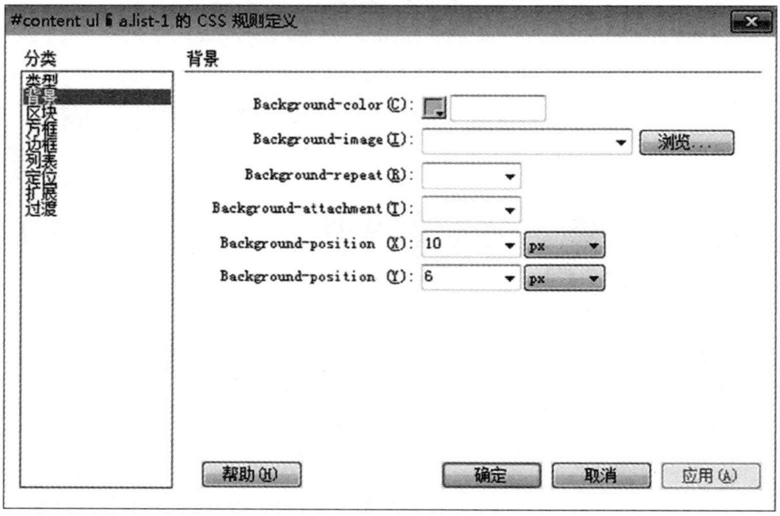

(b)

图 6.68

(12) 在"转账到支付宝"文字中单击鼠标,在"标签选择器"中单击"<a>"按钮,在"属性"面板的"类"下拉列表框中选择"list-1",如图 6.69 所示。参照同样的方法设置其他 7 个应用列表的样式,所使用的类名及 CSS 样式见表 6.9。

图 6.69

表 6.9

类名	Background-position(X) 的值	Background-position(Y) 的值
list-2	10 像素	-25 像素
list-3	10 像素	-56 像素
list-4	10 像素	-87 像素
list-5	10 像素	-118 像素
list-6	10 像素	-149 像素
list-7	10 像素	-180 像素
list-8	10 像素	-211 像素

(13) 在"转账到支付宝"文字中单击鼠标,在"标签选择器"中单击"<a>"按钮,然后单击"CSS 样式"面板中的"新建 CSS 规则"按钮。在打开"新建 CSS 规则"对话框的"选择器名称"框中输入"#content ul li a: hover",然后单击"确定"按钮,打开"#content ul li a: hover 的 CSS 规则定义"对话框,设置 CSS 样式如图 6.70 所示。

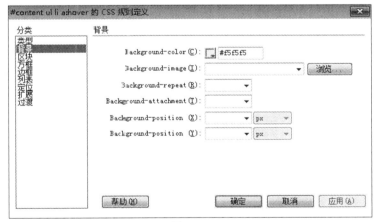

图 6.70

活动评价

在使用 Div+CSS 美化网页时,背景也是一个比较常用的美化网页的 CSS 样式。通过本次活动,掌握背景 CSS 样式的应用,包含背景图片、背景颜色、背景图片位置及是否重复等 CSS 样式的使用。

活动 2　制作网页登录页面

活动要求

结合背景相关CSS样式，完成网页登录页面制作，如图6.71所示，完成后以"task6-4-2.html"为文件名保存到"task6-4"文件夹中。

图 6.71

□ 知识窗

如果需要同时设置多个背景属性，可以使用 background 简写背景样式，如图 6.72 所示。

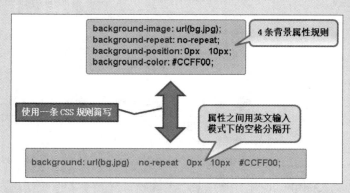

图6.72

活动实施

(1) 打开 Dreamweaver CS6 并新建一个 HTML 文档，切换至"设计"视图，更改文档标题为"淘！我喜欢"，以"task6-4-2.html"为文件名保存到"task6-4"文件夹。

(2) 在"属性"面板中单击"页面属性"按钮，打开"页面属性"对话框，如图 6.73(a) 所示，在"外观"选项卡中设置相应属性。

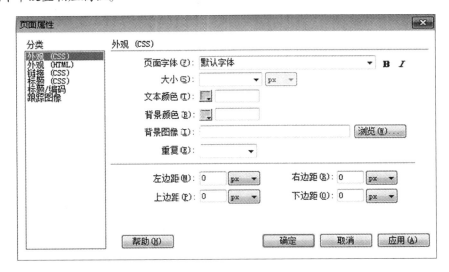

(a)

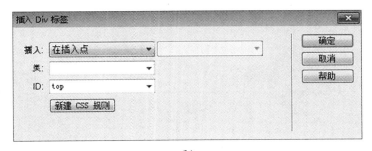

(b)

图 6.73

(3) 依次单击"插入"→"布局对象"→"Div 标签"菜单命令，打开"插入 Div 标签"对话框，在"插入"下拉列表框中选择"在插入点"，在"ID"框中输入"top"，如图 6.73(b) 所示；然后单击"新建 CSS 规则"按钮，在打开的"新建 CSS 规则"对话框"规则定义"下拉列表框中选择"仅限该文档"，然后单击"确定"按钮，打开"#top 的 CSS 规则定义"对话框，设置 CSS 样式如图 6.74(a)、(b) 所示，并删除"此处显示 id"top"的内容"文字。

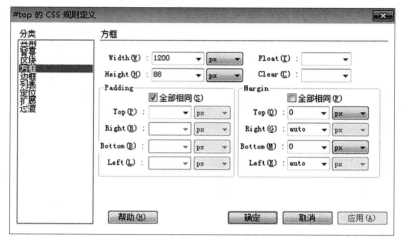

(a)

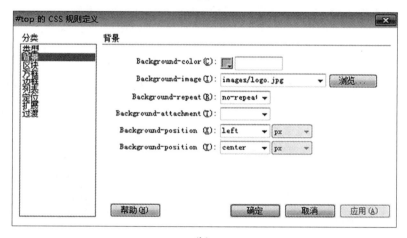

(b)

图 6.74

(4) 依次单击"插入"→"布局对象"→"Div 标签"菜单命令,打开"插入 Div 标签"对话框,在"插入"项的第 1 个下拉列表框中选择"在标签之后",在第 2 个下拉列表框中选择"<div id="top">",在"ID"名框中输入"main",如图 6.75(a) 所示;然后单击"新建 CSS 规则"按钮,在打开的"新建 CSS 规则"对话框中单击"确定"按钮,打开"#main 的 CSS 规则定义"对话框,如图 6.75(b)、图 6.76(a) 所示设置 CSS 样式,并将"此处显示 id "main" 的内容"文字删除。

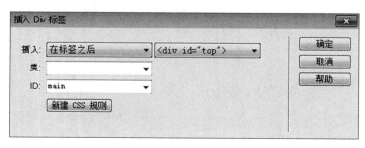

(a)

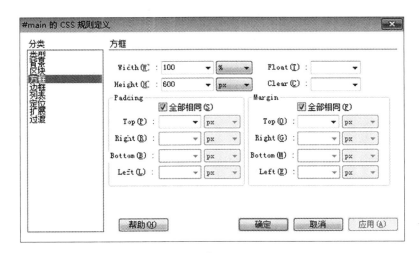

(b)

图 6.75

(5) 依次单击"插入"→"布局对象"→"Div 标签"菜单命令, 打开"插入 Div 标签"对话框。在"插入"项的第 1 个下拉列表框中选择"在标签之后", 在第 2 个下拉列表框中选择"<div id="main">", 在"ID"名框中输入"bottom", 然后单击"新建 CSS 规则"按钮, 在打开的"新建 CSS 规则"对话框中单击"确定"按钮, 打开"#bottom 的 CSS 规则定义"对话框, 设置 CSS 样式如图 6.76(b) 所示。然后单击"确定"按钮, 并将"此处显示 id "bottom" 的内容"文字删除, 插入"bottom.jpg"图片。

(a)

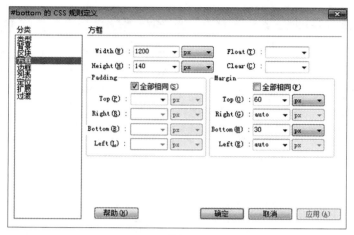

(b)

图 6.76

(6) 依次单击"插入"→"布局对象"→"Div 标签"菜单命令，打开"插入 Div 标签"对话框，在"插入"项的第 1 个下拉列表框中选择"在开始标签之后"，在第 2 个下拉列表框中选择"<div id="main">"，在"ID"名框中输入"main-box"，如图 6.77(a) 所示，然后单击"确定"按钮。

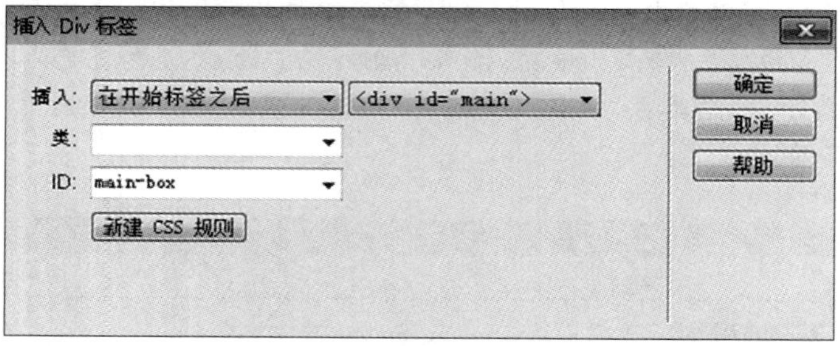

(a)

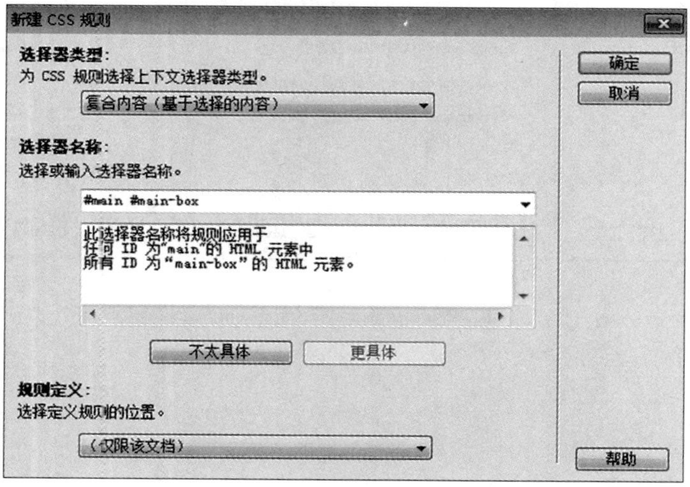

(b)

图 6.77

(7) 选择"此处显示 id "main-box" 的内容"文字, 在"CSS 样式"面板中单击"新建 CSS 规则"按钮, 打开的"新建 CSS 规则"对话框, 如图 6.77(b) 所示。单击"确定"按钮, 打开"#main #main-box 的 CSS 规则定义"对话框, 设置 CSS 样式如图 6.78(a) 所示。

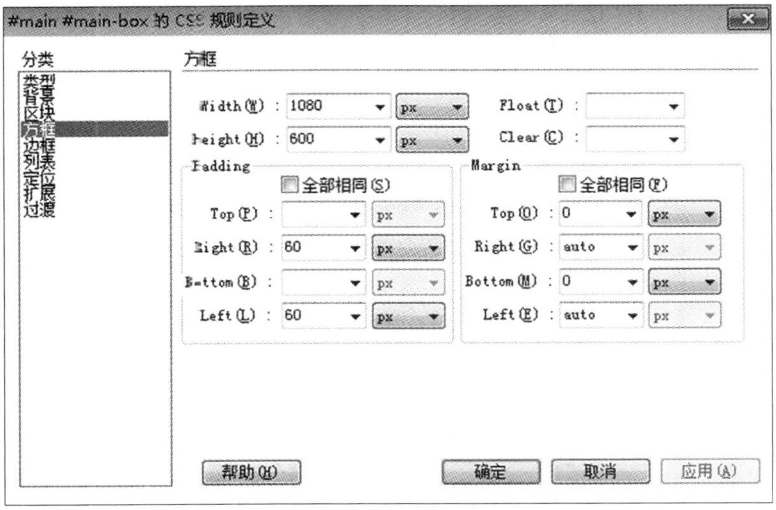

(a)

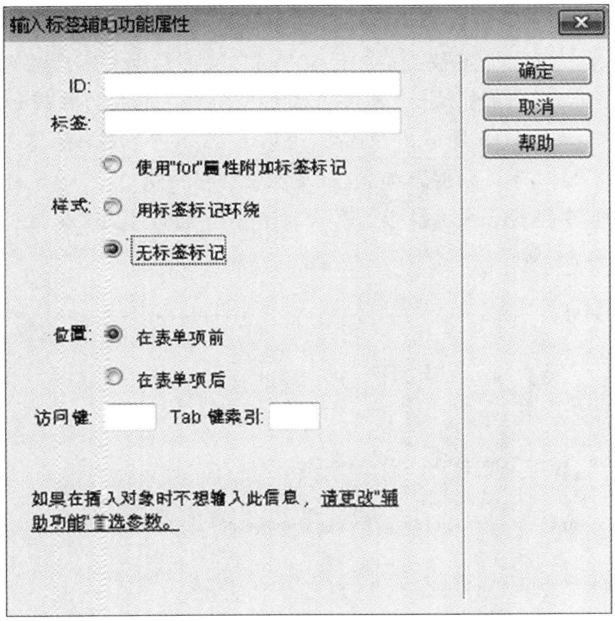

(b)

图 6.78

(8)删除"此处显示 id 'main-box" 的内容"文字, 依次单击"插入"→"HTML"→"文本对象"→"项目列表"菜单命令, 输入"密码登录"文字, 按回车键另起一行, 依次单击"插入"→"表单"→"文本域"菜单命令, 在打开的"输入标签辅助功能属性"对话框中选择"无标签标记"单选按钮,如图6.78(b)所示;单击"确定"按钮,弹出"是否添加表单标签?"对话框,如图6.79(a)所示;单击"否"按钮,完成用户名表单的插入操作。参照同样的方法完成密码、登录按钮表单的插入操作。

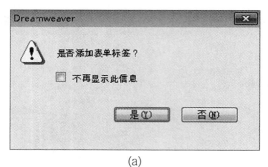

(a)

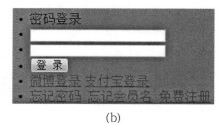

(b)

图 6.79

(9)将光标定位到"登录"按钮后面,然后按回车键另起一行,输入"微博登录""支付宝登录"文字并添加空链接。将光标定位到"支付宝登录"文字后面,然后按回车键另起一行,输入"忘记密码""忘记会员名""免费注册"文字并添加空链接,完成的效果如图6.79(b)所示。

(10) 切换到"代码"视图,如图 6.80 所示。给第 1、5、6 个 <li> 标签添加 class 属性,给第 5 个 <li> 标签中的 2 个 <a> 标签分别添加 class 属性,并删除这 2 个 <a> 标签之间的 " " 字符,修改 <input> 标签的 name 属性值,删除 <input> 标签的 id 属性,并添加 class 属性,修改代码后的结果如图 6.81 所示。

```
<body>
<div id="top"></div>
<div id="main">
  <div id="main-box">
    <ul>
      <li>密码登录</li>
      <li>
        <input type="text" name="textfield" id="textfield" />
      </li>
      <li>
        <input type="password" name="textfield2" id="textfield2" />
      </li>
      <li>
        <input type="submit" name="button" id="button" value="登 录" />
      </li>
      <li><a href="#">微博登录</a> <a href="#">支付宝登录</a></li>
      <li><a href="#">忘记密码</a>  <a href="#">忘记会员名</a>  <a href="#">免费注册</a></li>
    </ul>
  </div>
</div>
<div id="bottom"><img src="images/bottom.jpg" width="1200" height="140" /></div>
</body>
```

图 6.80

```
<body>
<div id="top"></div>
<div id="main">
  <div id="main-box">
    <ul>
      <li class="title">密码登录</li>
      <li>
        <input type="text" name="username" placeholder="会员名/邮箱/手机号" class="name" />
      </li>
      <li>
        <input type="password" name="password" class="pwd" />
      </li>
      <li>
        <input type="submit" name="login" class="btn" value="登 录" />
      </li>
      <li class="login"><a href="#" class="weibo">微博登录</a><a href="#" class="alipay">支付宝登录</a></li>
      <li class="link"><a href="#">忘记密码</a>  <a href="#">忘记会员名</a>  <a href="#">免费注册</a></li>
    </ul>
  </div>
</div>
<div id="bottom"><img src="images/bottom.jpg" width="1200" height="140" /></div>
</body>
```

图 6.81

(11) 切换到"设计"视图，把光标定位到登录按钮后面，在"标签选择器"中单击"<ul>"按钮，然后在"CSS 样式"面板中单击"新建 CSS 规则"按钮，打开"新建 CSS 规则"对话框，如图 6.82(a) 所示；单击"确定"按钮，打开"#main #main-box ul 的 CSS 规则定义"对话框，设置 CSS 样式如图 6.82(b)，图 6.83(a)、(b) 所示。

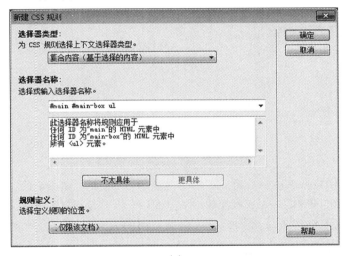

(a)

(b)

图 6.82

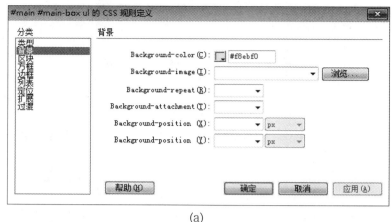

(a)

(b)

图 6.83

(12) 把光标定位到登录按钮后面,在"标签选择器"中单击"<li>"按钮,然后在"CSS 样式"面板中单击"新建 CSS 规则"按钮,在打开的"新建 CSS 规则"对话框中单击"确定"按钮,打开"#main #main-box ul li 的 CSS 规则定义"对话框,设置 CSS 样式如图 6.84(a) 所示。

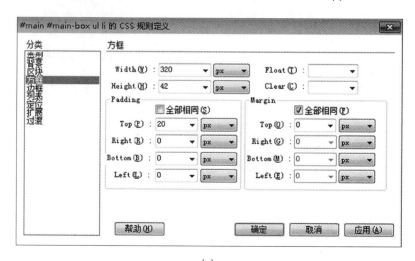

(a)

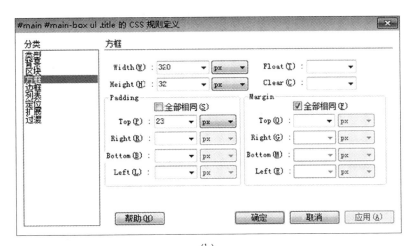

(b)

图 6.84

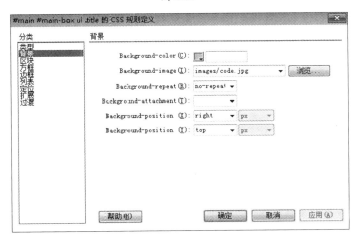

(a)

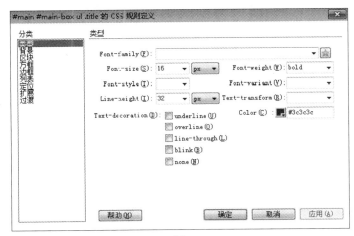

(b)

图 6.85

(13) 在"密码登录"文字中单击鼠标,在"标签选择器"中单击"<li.title>"按钮,然后在"CSS样式"面板中单击"新建 CSS 规则"按钮,在打开的"新建 CSS 规则"对话框中单击"确定"按钮,打开"#main #main-box ul .title 的 CSS 规则定义"对话框,设置CSS样式如图 6.84(b),图 6.85(a)、(b) 所示。

(14) 在"微博登录"文字中单击鼠标,在"标签选择器"中单击"<li.login>"按钮,然后在"CSS样式"面板中单击"新建 CSS 规则"按钮,在打开的"新建 CSS 规则"对话框中单击"确定"按钮,打开"#main #main-box ul .login 的 CSS 规则定义"对话框,设置CSS样式如图 6.86(a)、(b) 所示。

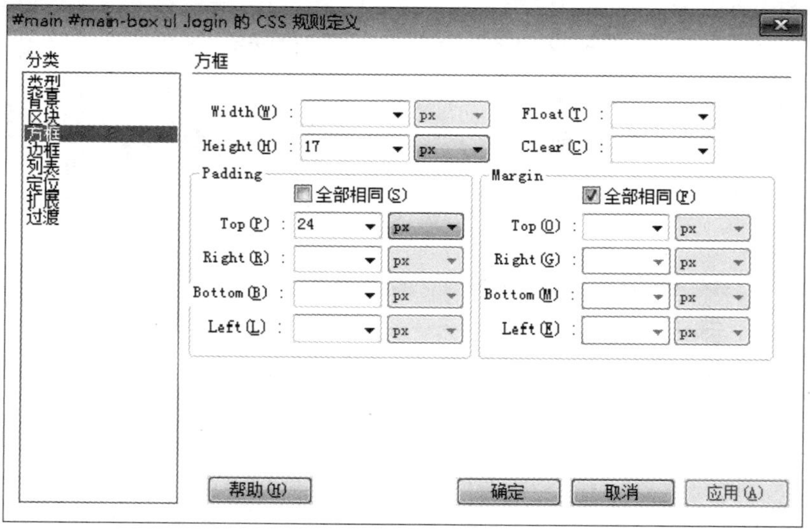

(a)

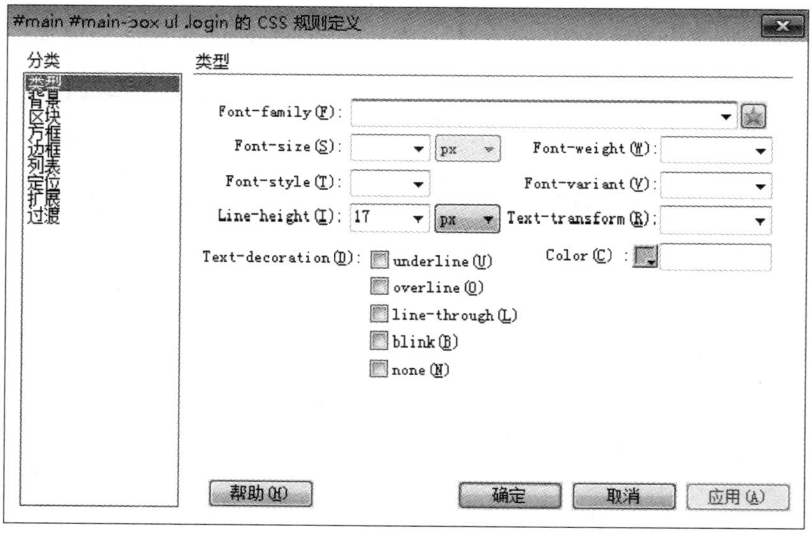

(b)

图 6.86

(15) 在"微博登录"文字中单击鼠标,在"标签选择器"中单击"<a.weibo>"按钮,然后在"CSS样式"面板中单击"新建 CSS 规则"按钮,打开的"新建 CSS 规则"对话框,将"选择器名称"中的内容修改为"#main #main-box ul .login a"，如图 6.87(a) 所示；然后单击"确定"按钮，打开 "#main #main-box ul .login a 的 CSS 规则定义"对话框，设置 CSS 样式如图 6.87(b)、图 6.88(a)、(b)、图 6.89(a) 所示。

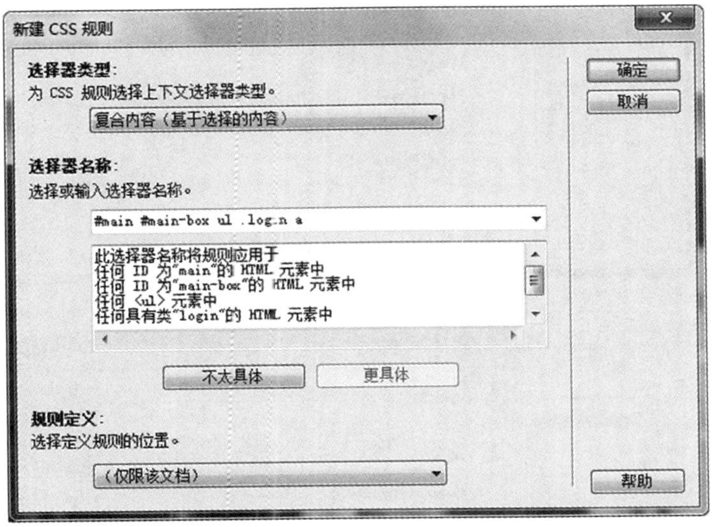

(a)

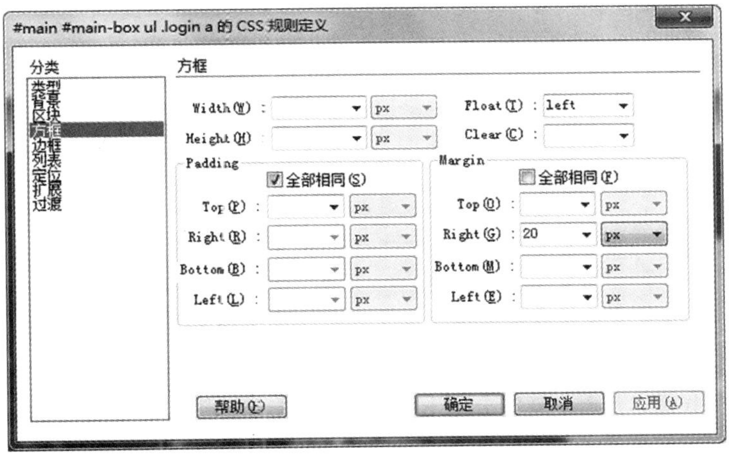

(b)

图 6.87

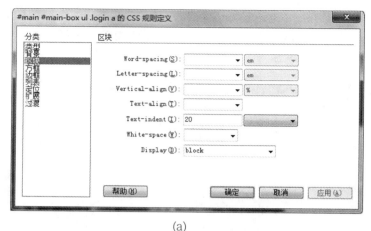

(a)

(b)

图 6.88

(16) 在"微博登录"文字中单击鼠标，在"标签选择器"中单击"<a.weibo>"按钮，然后在"CSS 样式"面板中单击"新建 CSS 规则"按钮，打开"新建 CSS 规则"对话框，将"选择器名称"中的内容修改为"#main #main-box ul .login a: hover"，然后单击"确定"按钮，打开"#main #main-box ul .login a: hover 的 CSS 规则定义"对话框，设置 CSS 样式如图 6.89(b) 所示。

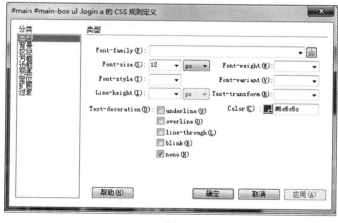

(a)

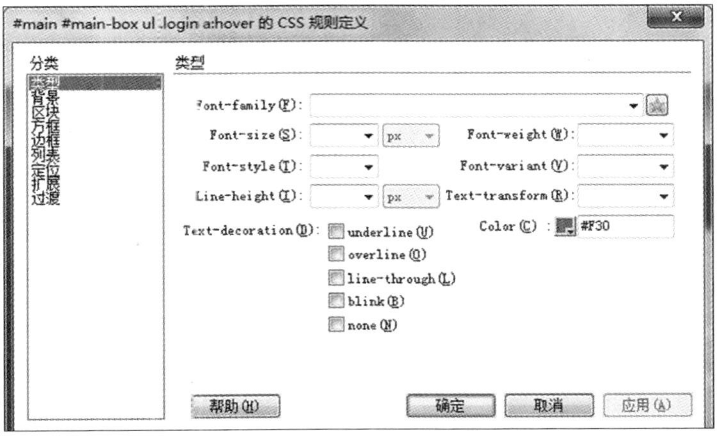

(b)

图 6.89

(17) 在"支付宝登录"文字中单击鼠标,在"标签选择器"中单击"<a.alipay>"按钮,然后在"CSS样式"面板中单击"新建 CSS 规则"按钮,在打开的"新建 CSS 规则"对话框中单击"确定"按钮,打开"#main #main-box ul .login .alipay 的 CSS 规则定义"对话框,设置 CSS 样式如图 6.90(a)所示。

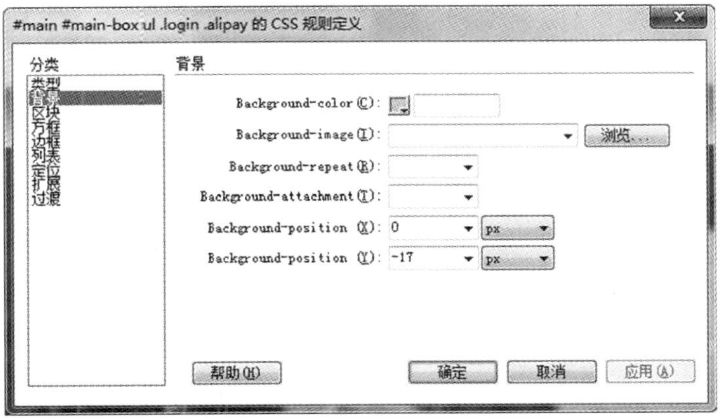

(a)

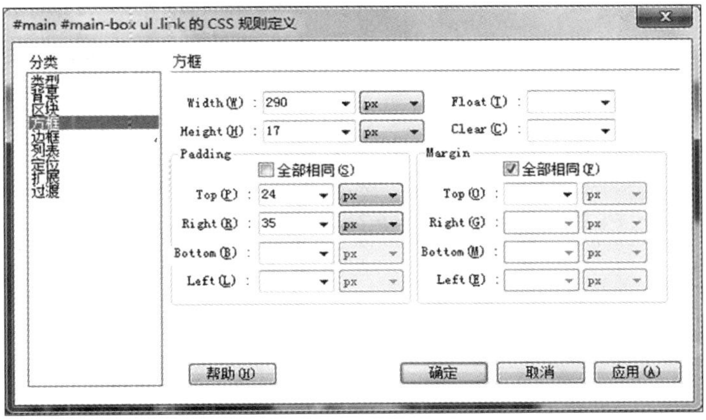

(b)

图 6.90

(18)在"忘记密码"文字中单击鼠标，在"标签选择器"中单击"<li.link>"按钮，然后在"CSS样式"面板中单击"新建 CSS 规则"按钮，在打开的"新建 CSS 规则"对话框中单击"确定"按钮，打开"#main #main-box ul .link 的CSS规则定义"对话框，设置CSS样式如图6.90(b)，图6.91(a)、(b)所示。

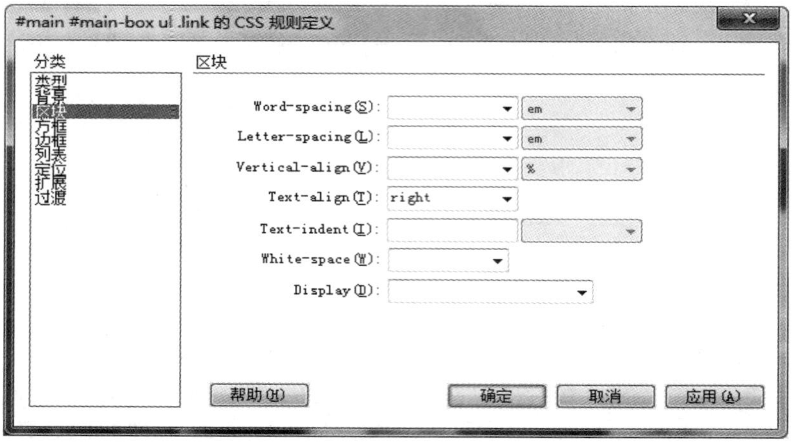

(a)

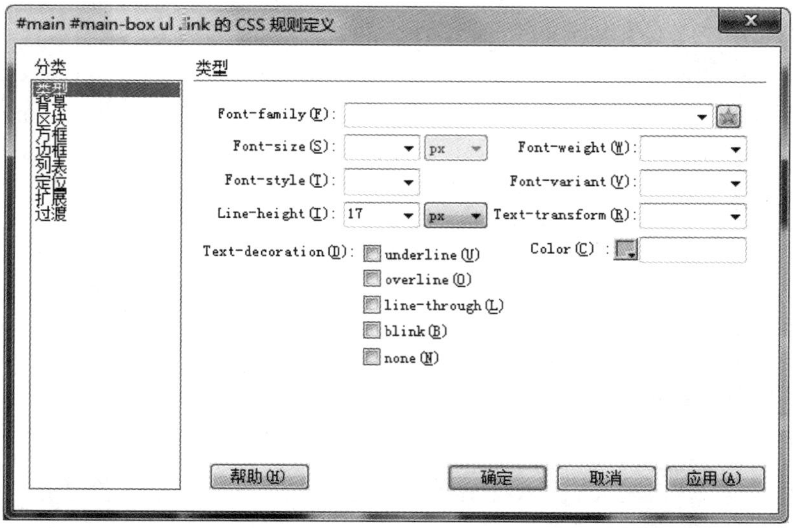

(b)

图 6.91

(19) 在"忘记密码"文字中单击鼠标，在"标签选择器"中单击"<a>"按钮，然后在"CSS 样式"面板中单击"新建 CSS 规则"按钮，在打开的"新建 CSS 规则"对话框中单击"确定"按钮，打开"#main #main-box ul .link a 的 CSS 规则定义"对话框，设置 CSS 样式如图 6.92(a) 所示。

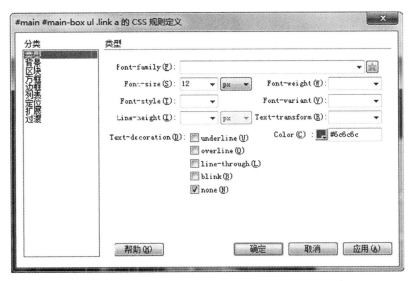

(a)

(b)

图 6.92

(20) 在"忘记密码"文字中单击鼠标,在"标签选择器"中单击"<a>"按钮,然后在"CSS 样式"面板中单击"新建 CSS 规则"按钮,打开"新建 CSS 规则"对话框,将"选择器名称"中的内容修改为"#main #main-box ul .link a: hover",然后单击"确定"按钮,打开"#main #main-box ul .link a: hover 的 CSS 规则定义"对话框,设置 CSS 样式如图 6.92(b) 所示。

(21) 单击第 1 个文本域表单,在"标签选择器"中单击"<input.name>"按钮,然后在"CSS 样式"面板中单击"新建 CSS 规则"按钮,在打开的"新建 CSS 规则"对话框中单击"确定"按钮,打开"#main #main-box ul li .name 的 CSS 规则定义"对话框,设置 CSS 样式如图 6.93(a)、(b),图 6.94(a)、(b) 所示。参照该操作步骤完成第 2 个文本域表单的样式设置。

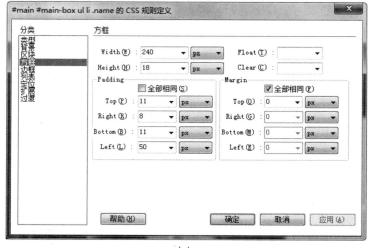

(a)

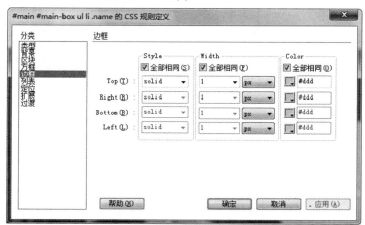

(b)

图 6.93

(a)

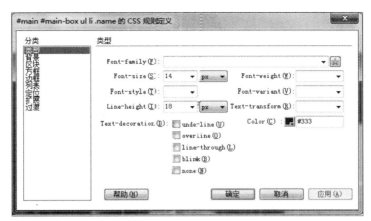

(b)

图 6.94

(22) 单击登录按钮，在"CSS 样式"面板中单击"新建 CSS 规则"按钮，在打开的"新建 CSS 规则"对话框中单击"确定"按钮，打开"#main #main-box ul li .btn 的 CSS 规则定义"对话框，设置 CSS 样式如图 6.95(a)、(b)，图 6.96(a)、(b)，图 6.97(a) 所示。

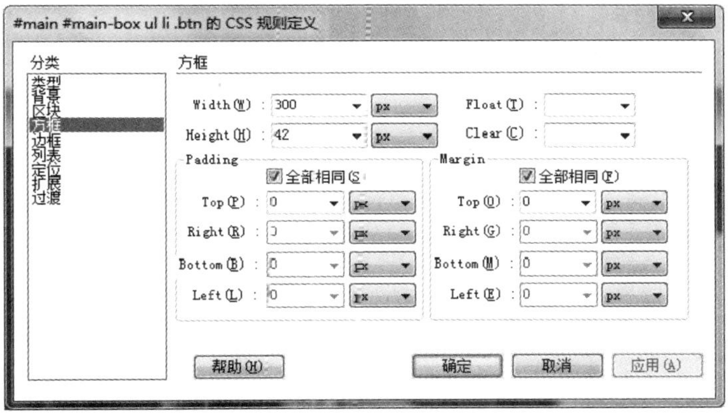

(a)

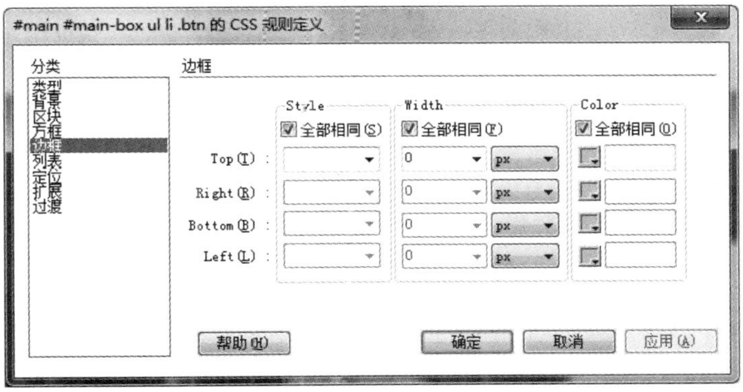

(b)

图 6.95

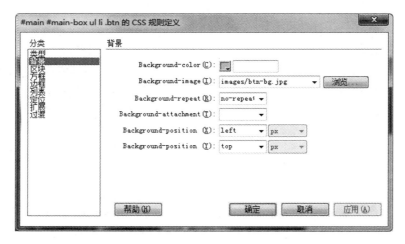

(a)

(b)

图 6.96

(a)

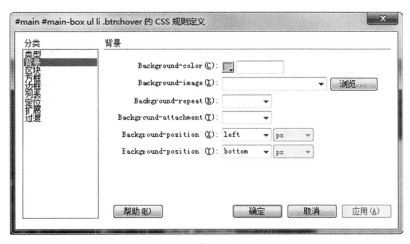

(b)

图 6.97

(23) 单击登录按钮，在"CSS 样式"面板中单击"新建 CSS 规则"按钮，打开"新建 CSS 规则"对话框，将"选择器名称"中的内容修改为"#main #main-box ul li .btn: hover"，然后单击"确定"按钮，打开"#main #main-box ul li .btn: hover 的 CSS 规则定义"对话框，设置 CSS 样式如图 6.97(b) 所示。

活动评价

通过本次活动，结合实际案例——淘宝登录页的制作，进一步巩固背景CSS样式的应用，能灵活运用所学知识完成相应效果的制作。

项目小结

通过本项目的学习，能够掌握如何使用CSS美化网页，如何使用Div+CSS布局网页。在学习完本项目之后，能够比较清晰地了解如何使用行内样式与内嵌样式，以及行内样式与内嵌样式的区别，掌握文本与图像CSS样式相关规则，重点掌握盒模型的概念及应用与背景CSS样式的应用，并能够灵活运用盒模型对网页进行布局操作，能够灵活运用背景CSS样式制作相应网页效果。Div+CSS已成为现在比较流行的网页布局模式，也倡导使用Div+CSS布局网页来代替原来的表格布局网页，使网页更符合搜索引擎优化。因此，本项目的知识需要重点掌握。

项目检测

操作题

(1)参照所给的效果图文件完成"CSS过渡效果"网页的CSS样式表设置与应用，完成后以"lx6-1.html"为文件名保存，参考效果如图6.98所示。

(2)参照所给的效果图文件完成　"公司网站简介"网页的CSS样式表设置与应用，完成后以"lx6-2.html"为文件名保

图 6.98

存，参考效果如图6.99所示。

图 6.99

(3)参照所给的效果图及素材文件完成"主题婚纱摄影样片欣赏"网页的制作，完成后以"lx6-3.html"为文件名保存，参考效果如图6.100所示。

图 6.100

项目 7
使用 Div+CSS 制作网页

▣ 项目综述

　　表格(table)布局是网页早期布局实现的主要手段，当时的网页构成，相对也比较简单，多是以文本及静态图片等组成的，类似于报纸的形式，分区分块显示，table标签的结构表现恰好可以满足这样的要求。但是随着网页要求的提高和技术的不断探索更迭，尤其是W3C(万维网联盟)及其他标准组织制订的标准出台后，明确了table标签不是布局工具，使table标签重新回到其原有的作用上(即仅作为呈现表格化数据的作用)，而提倡使用Div+CSS的布局组合。Div+CSS布局与表格布局相比减少了页面代码，页面加载速度得到了很大的提高，这对于搜索引擎的收录是非常有利的。本项目主要讲述如何使用Div+CSS制作网页。

▣ 项目目标

素质目标
◇培养学生善于发现问题、分析问题、解决问题的能力。
◇培养学生主动学习、自主探究的钻研精神。
◇培养学生严谨、踏实、细致的工作态度。
◇培养学生互助，协作的团队精神和沟通能力。

知识目标
◇掌握Div+CSS布局网页。
◇掌握导航栏的制作。
◇掌握新闻列表的制作。
◇掌握产品列表的制作。

能力目标
◇会使用Div+CSS布局制作网页。

☐ 项目思维导图

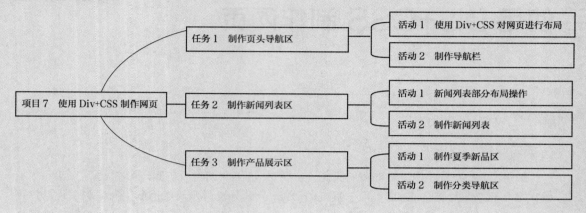

任务1 》》》》》》
制作页头导航区

情境设计

　　小白通过前面的学习，已经掌握了网页制作的基本技术，掌握了使用CSS美化网页的基本技能。有一天，他兼职的服装公司需要制作一个公司宣传网页，于是把任务交给了他。接到任务后，他开始对网页效果图进行分析，首先需要完成的是对页面进行布局，然后把导航及页头部分制作出来，经过分析确定后，便开始着手制作。

任务分解

　　本次任务是根据网页效果图先使用Div+CSS对网页进行布局操作，然后完成网页导航及页头部分的制作。

　　因此，本任务可以分解为两个活动：使用Div+CSS对网页进行布局；制作导航栏。

活动1　使用 Div+CSS 对网页进行布局

活动要求

　　根据所提供的网站首页效果图，使用Div+CSS完成页面的布局操作，完成后以"index.

html"为文件名保存到"task7"文件夹中,完成布局的页面效果示意图如图7.1所示。

图 7.1

◻ 知识窗

(1) 打开 Dreamweaver CS6 软件并新建一个 HTML 文档,将新建的 HTML 文档切换至"设计"视图模式,并以"index.html"为文件名保存到"task7"文件夹的根目录下。在"文档工具栏"的"标题"文本框中,将"无标题文档"更改为"Ann 儿童服装官方网站"。

(2) 打开"CSS 样式"面板,在"CSS 样式"面板中单击"新建 CSS 规则"按钮,打开"新建 CSS 规则"对话框,在"选择器类型"下拉列表框中选择"标签",在"选择器名称"框中将"body"改为"★",在"规则定义"下拉列表框中选择"新建样式表文件",如图 7.2 所示;然后单击"确定"按钮,在弹出的"另存为"对话框中将样式表文件以"style.css"为文件名保存到"task7/css"目录下。

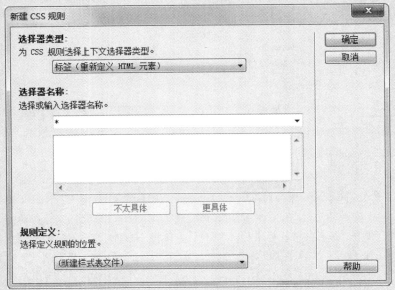

图 7.2

(3) 在弹出的"★的 CSS 规则定义"对话框中, 设置字体、字体大小及字体颜色如图 7.3(a) 所示; 将 margin 与 padding 的值设置为 0, 如图 7.3(b) 所示。

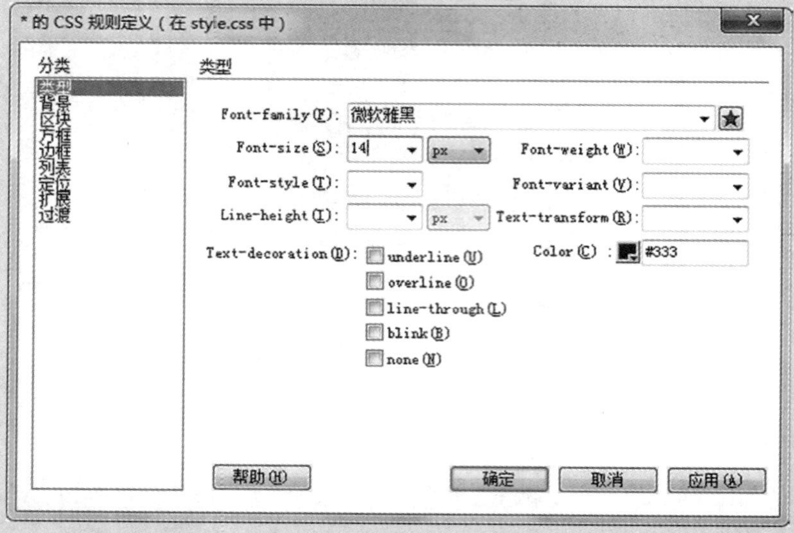

(a)

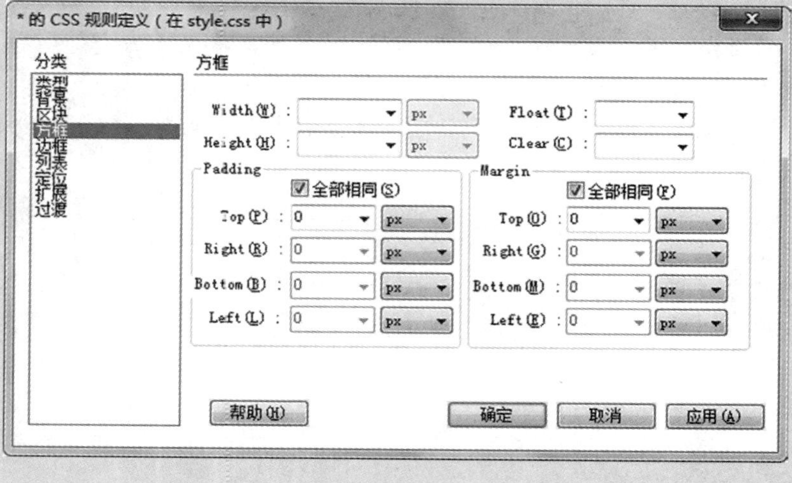

(b)

图 7.3

(4) 依次单击"插入"→"布局对象"→"Div 标签"菜单命令, 打开"插入 Div 标签"对话框, 在"插入"下拉列表框中选择"在插入点", 在"ID"框中输入"top", 如图 7.4(a) 所示; 然后单击"新建 CSS 规则"按钮, 在打开的"新建 CSS 规则"对话框"规则定义"下拉列表框中选择"style. css", 如图 7.4(b) 所示; 然后单击"确定"按钮, 打开"#top 的 CSS 规则定义"对话框。

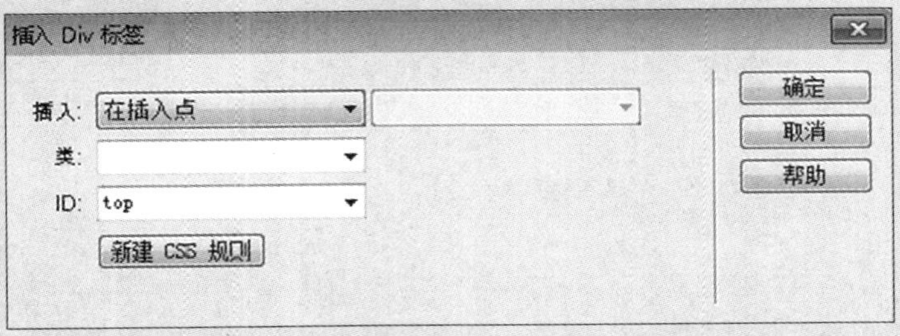

(a)

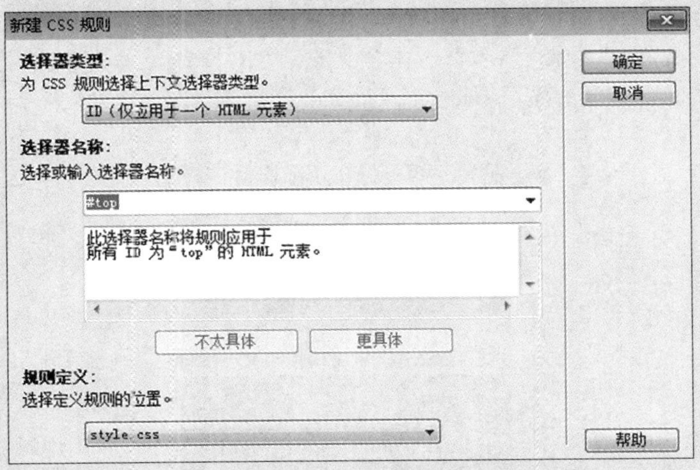

(b)

图 7.4

(5) 在该对话框中，设置"背景"选项卡中设置背景颜色为蓝色 (#00CCFF)，在"方框"选择卡中，设置相关属性值如图 7.5(a) 所示。然后单击"确定"按钮，并将"此处显示 id "top"的内容"文字删除，完成页头的布局操作。

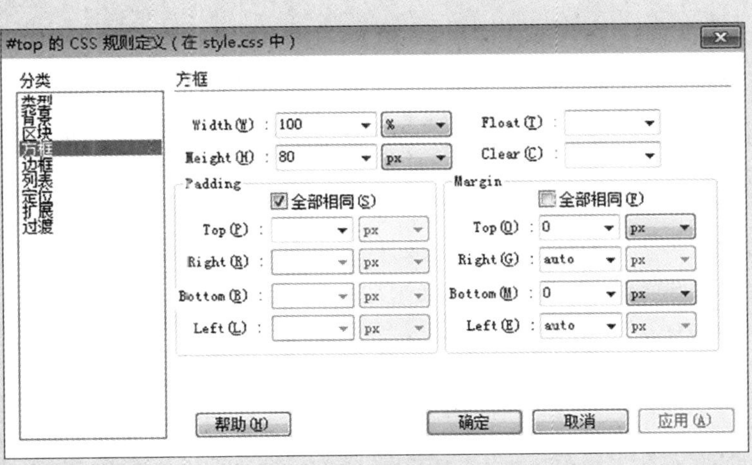

(a)

图 7.5

(6) 依次单击"插入"→"布局对象"→"Div 标签"菜单命令,打开"插入 Div 标签"对话框,在"插入"项的第 1 个下拉列表框中选择"在标签之后",在第 2 个下拉列表框中选择"<div id="top">",在"ID"名框中输入"banner",如图 7.5(b) 所示;其余参照 (4)—(5) 步操作,完成 banner 与其他部分的布局。布局完成的页面效果示意图如图 7.6 所示,相关 CSS 样式说明见表 7.1。

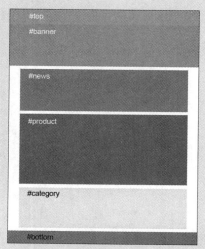

图 7.6

表 7.1

ID	背景颜色	width	height	margin			
				top	right	bottom	left
#top	#0CF	100%	80px	0px	auto	0px	auto
#banner	#F90	100%	650px	0px	auto	0px	auto
#news	#F69	990px	400px	30px	auto	0px	auto
#product	#093	990px	955px	30px	auto	0px	auto
#category	#CF0	990px	345px	30px	auto	0px	auto
#bottom	#999	100%	60px	30px	auto	0px	auto

活动评价

通过本次活动,灵活运用Div+CSS对网页进行布局操作,并复习巩固盒模型的相关概念及CSS样式的应用。

活动 2　制作导航栏

活动要求

打开活动1中完成的"index.html"文件,完成导航栏及页头部分的制作,完成后以原文件名保存,如图7.7所示。

图 7.7

活动实施

(1) 在 Dreamweaver CS6 软件中打开"index.html"文件,在"CSS 样式"面板中单击"全部"按钮,在"所有规则"框中双击"#top",打开"#top 的 CSS 规则定义"对话框,将背景颜色清除,设置下边框样式如图 7.8(a)、(b) 所示。

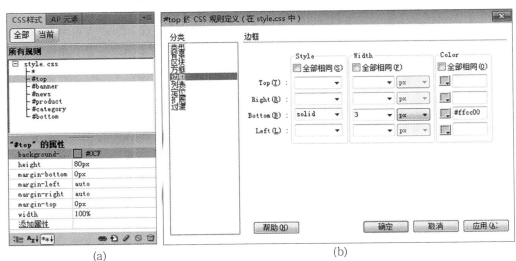

(a)　　　　　　　　　　　　　　　　　(b)

图 7.8

(2) 依次单击"插入"→"布局对象"→"Div 标签"菜单命令，打开"插入 Div 标签"对话框，在"插入"项的第 1 个下拉列表框中选择"在开始标签之后"，在第 2 个下拉列表框中选择"<div id="top">"，在"ID"名框中输入"nav"，如图 7.9(a) 所示；然后单击"新建 CSS 规则"按钮，在打开的"新建 CSS 规则"对话框中单击"确定"按钮，打开"#nav 的 CSS 规则定义"对话框，设置 CSS 样式如图 7.9(b) 所示。

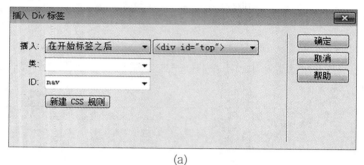

(a)

(b)

图 7.9

(3) 将"此处显示 id "nav" 的内容"文字删除，然后依次单击"插入"→"布局对象"→"Div 标签"菜单命令，打开"插入 Div 标签"对话框，在"插入"项的第 1 个下拉列表框中选择"在开始标签之后"，在第 2 个下拉列表框中选择"<div id="nav">"，在"类"名框中输入"logo"，如图 7.10(a) 所示，然后单击"确定"按钮。

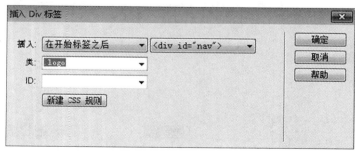

(a)

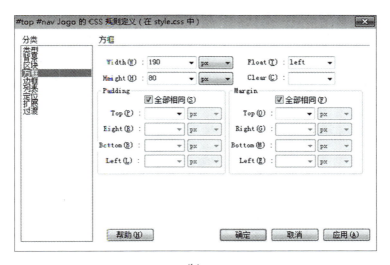

(b)

图 7.10

(4) 选择"此处显示 class"logo"的内容"文字,在"CSS 样式"面板中单击"新建 CSS 规则"按钮,在打开的"新建 CSS 规则"对话框中单击"确定"按钮,打开"#top #nav .logo CSS 规则定义"对话框,设置 CSS 样式如图 7.10(b) 所示。将"此处显示 class"logo"的内容"文字删除,并在其中插入 Logo 图片"logo.png"。

(5) 在 logo 区域的后面单击鼠标,将光标定位到 logo 区域的后面,输入"网站首页"文字,然后按回车键,输入"关于我们",按同样方法,依次输入"产品中心""店铺展示""品牌资讯""加盟中心",完成的效果如图 7.11 所示。

图 7.11

(6) 选择刚刚输入的文字,在"属性"面板中单击"HTML"按钮,切换到"HTML"选项卡,然后单击"项目列表"按钮,将选择的文字转换为项目列表,并为输入的文字分别加空链接,完成的效果如图 7.12 所示。

图 7.12

(7) 在任一输入的文字中单击鼠标，在"标签选择器"中单击"ul"，在"CSS 样式"面板中单击"新建 CSS 规则"按钮，在打开的"新建 CSS 规则"对话框中单击"确定"按钮，打开"#top #nav ul 的 CSS 规则定义"对话框，设置 CSS 样式如图 7.13(a)、(b) 所示。

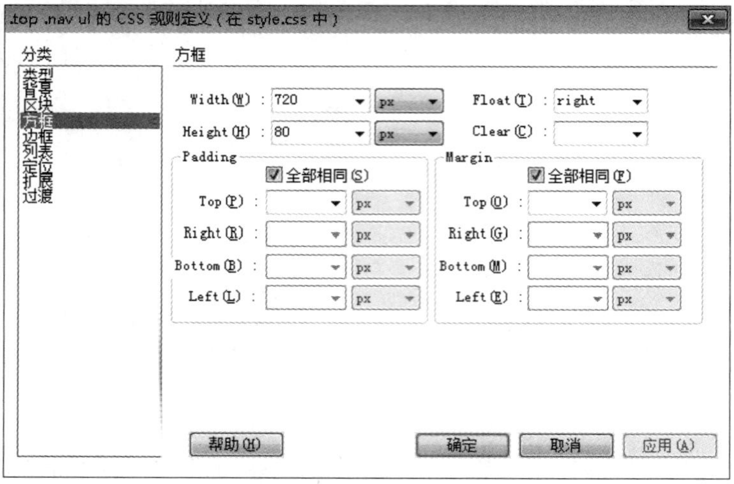

(a)

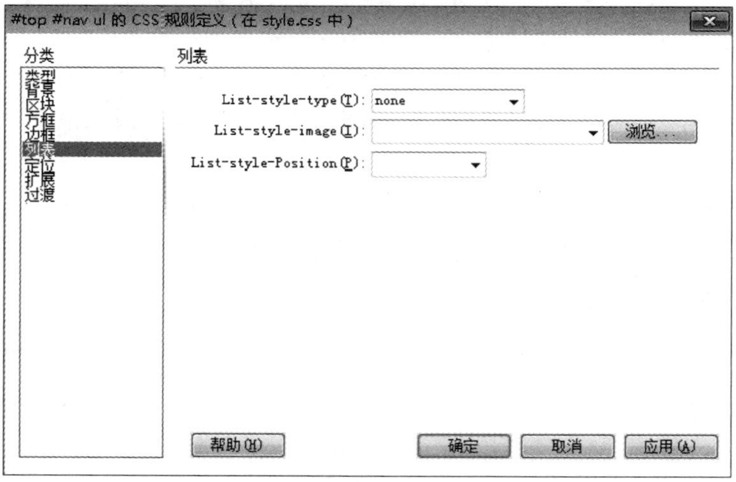

(b)

图 7.13

(8) 在任一输入的文字中单击鼠标，在"标签选择器"中单击"li"，在"CSS 样式"面板中单击"新建 CSS 规则"按钮，在打开的"新建 CSS 规则"对话框中单击"确定"按钮，打开"#top #nav ul li 的 CSS 规则定义"对话框，设置 CSS 样式如图 7.14(a) 所示。

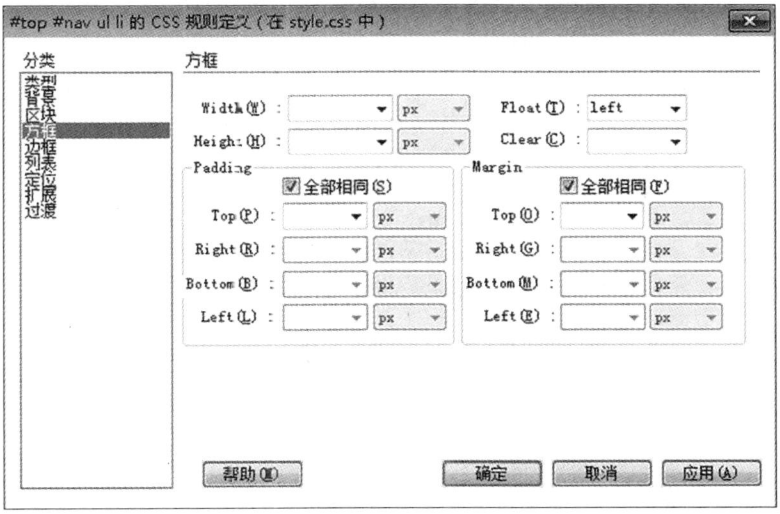

(a)

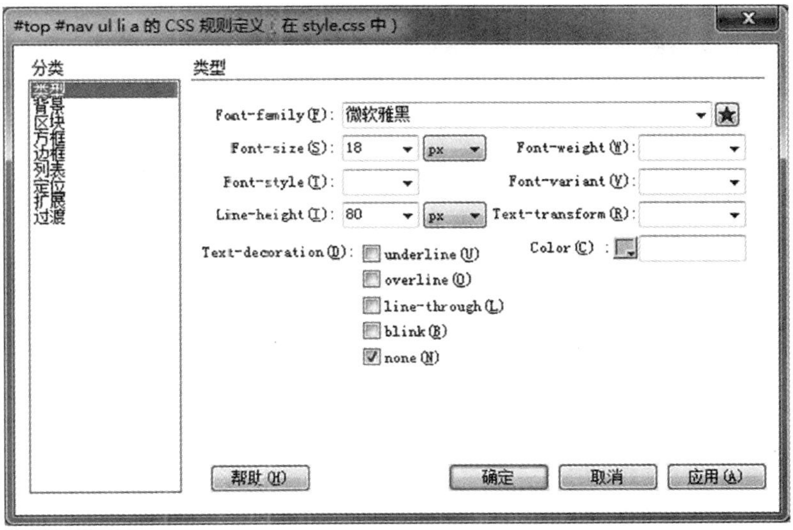

(b)

图 7.14

(9) 在任一输入的文字中单击鼠标,在"CSS 样式"面板中单击"新建CSS规则"按钮,在打开的"新建 CSS 规则" 对话框中单击 "确定" 按钮, 打开 "#top #nav ul li a 的 CSS 规则定义" 对话框, 设置 CSS 样式如图 7.14(b) 与图 7.15(a)、(b) 所示。

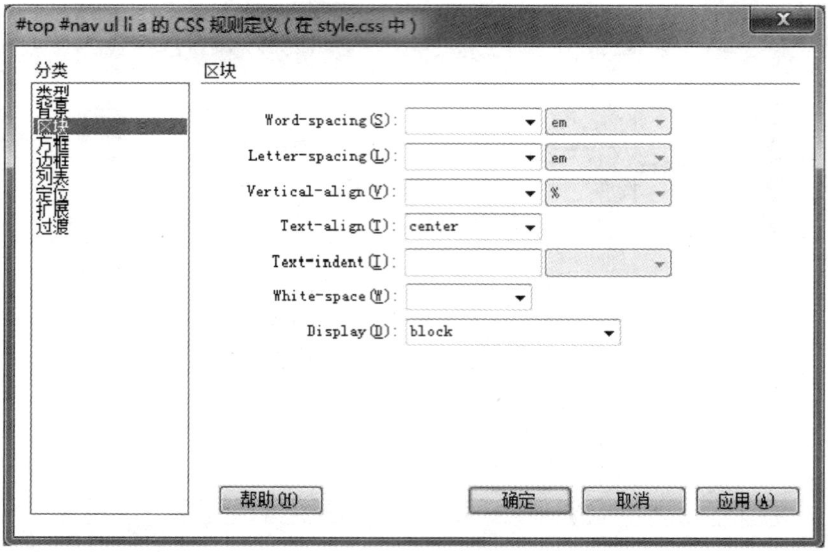

(a)

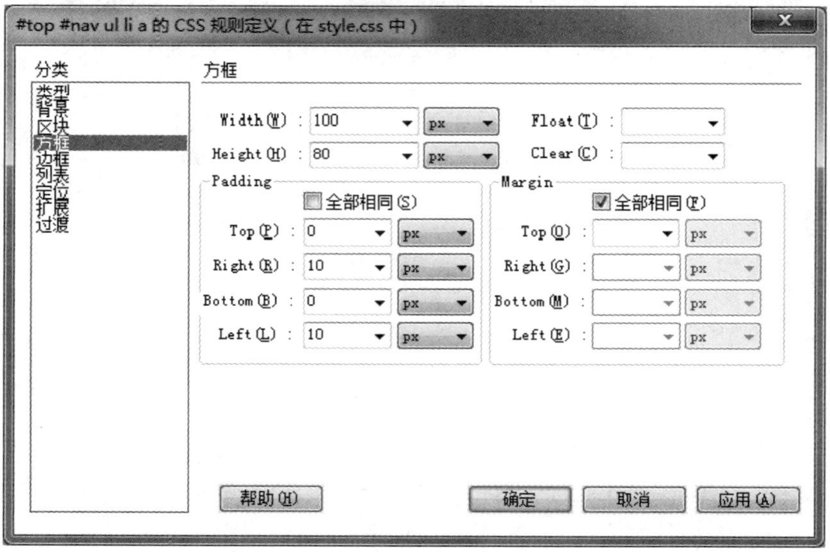

(b)

图 7.15

(10) 在任一输入的文字中单击鼠标, 在 "CSS 样式" 面板中单击 "新建 CSS 规则" 按钮, 在打开的 "新建 CSS 规则" 对话框的 "选择器名称" 框中输入 "#top #nav ul li a: hover", 然后单击 "确定" 按钮, 打开 "#top #nav ul li a: hover 的 CSS 规则定义" 对话框, 如图 7.16(a)、(b) 所示设置 CSS 样式。

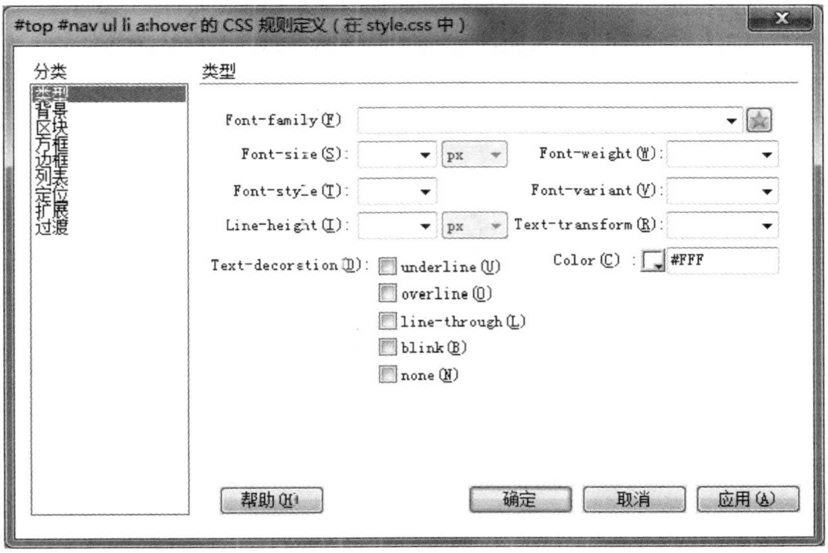

(a)

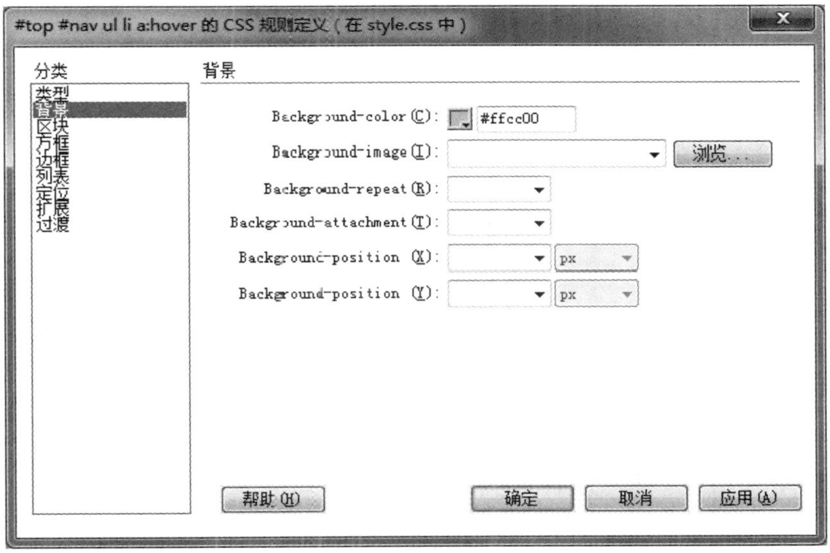

(b)

图 7.16

(11) 在"CSS 样式"面板的"所有规则"框中双击"#banner"，打开"#banner 的 CSS 规则定义"对话框，将背景颜色清除，如图 7.17 所示，设置背景样式。完成的最终效果如图 7.7 所示。

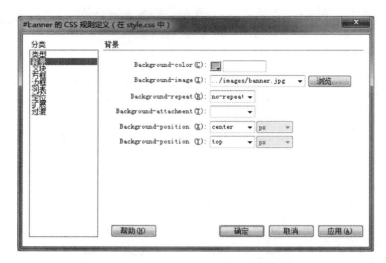

图 7.17

活动评价

通过本次活动, 掌握使用Div+CSS网页制作的思想并完成导航栏的制作, 重点掌握如何使用CSS样式将导航栏美化成效果图所示的效果。

任务2 》》》》》》》
制作新闻列表区

情境设计

小白已经完成了网页的页面布局及导航栏与页头的制作, 根据前期的规划与设计, 接下来需要完成的是新闻列表部分的制作。根据效果图, 要完成新闻列表部分的制作, 需要对该部分进行细分布局操作, 然后再完成新闻列表左右两部分的制作。

任务分解

本次任务是根据网页效果图对新闻列表部分进行细分布局操作, 然后完成新闻列表左右两部分的制作。

因此, 本任务可以分解为两个活动: 新闻列表部分布局操作; 制作新闻列表。

活动1 新闻列表部分布局操作

活动要求

打开任务1中完成的 "index.html" 文件, 完成新闻列表部分的布局操作及左侧部分的制作, 完成后以原文件名保存, 如图7.18所示。

图 7.18

活动实施

(1) 在 Dreamweaver CS6 软件中打开"index.html"文件, 将"CSS 样式"面板切换到"全部"选项卡, 在"所有规则"框中双击"#news", 打开"#news 的 CSS 规则定义"对话框, 将背景颜色清除。

(2) 依次单击"插入"→"布局对象"→"Div 标签"菜单命令, 打开"插入 Div 标签"对话框, 在"插入"项第 1 个下拉列表框中选择"在开始标签之后", 在第 2 个下拉列表框中选择"<div id="news">", 在"ID"名框中输入"left", 如图7.19(a) 所示, 然后单击"确定"按钮。

(a)

(b)

图 7.19

(3) 选择"此处显示 id "left" 的内容"文字,在"CSS 样式"面板中单击"新建 CSS 规则"按钮,在打开的"新建 CSS 规则"对话框中单击"确定"按钮,打开"#news #left 的 CSS 规则定义"对话框,设置 CSS 样式如图 7.19(b) 所示。将"此处显示 id "left" 的内容"文字删除,并在其中插入图片"news-left.jpg"。

(4) 依次单击"插入"→"布局对象"→"Div 标签"菜单命令,打开"插入 Div 标签"对话框,在"插入"项的第 1 个下拉列表框中选择"在结束标签之前",在第 2 个下拉列表框中选择"<div id="news">",在"ID"名框中输入"right",如图 7.20(a) 所示,然后单击"确定"按钮。

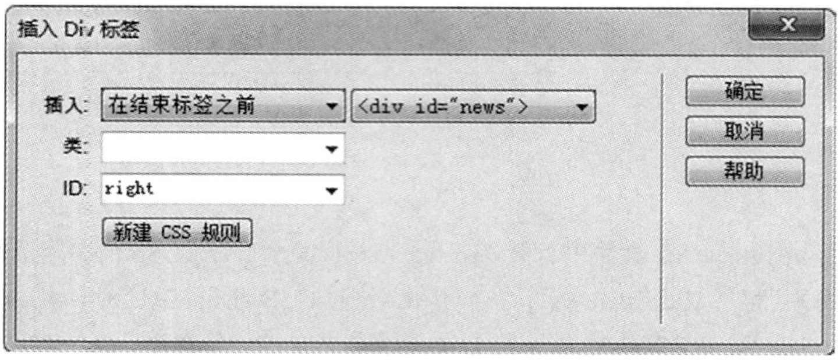

(a)

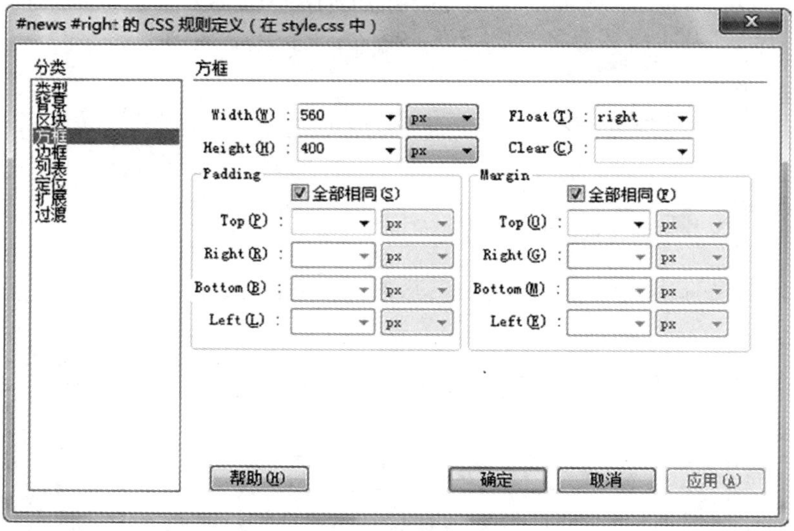

(b)

图 7.20

(5) 选择"此处显示 id "right" 的内容"文字,在"CSS 样式"面板中单击"新建 CSS 规则"按钮,在打开的"新建 CSS 规则"对话框中单击"确定"按钮,打开"#news #right 的 CSS 规则定义"对话框,设置 CSS 样式如图 7.20(b) 所示。完成的效果如图 7.18 所示。

活动评价

通过本次活动,掌握使用Div+CSS网页制作的思想并完成新闻列表区的布局操作,进一步巩固盒模型的概念及应用。

活动 2　制作新闻列表

活动要求

打开活动1中完成"index.html"文件,完成新闻列表的制作,完成后以原文件名保存,如图7.21所示。

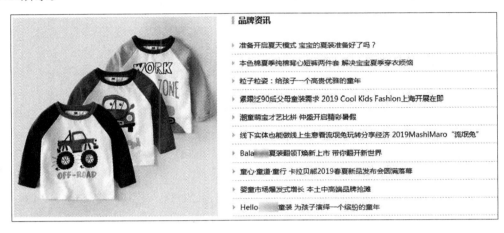

图 7.21

活动实施

(1) 在 Dreamweaver CS6 软件中打开"index.html"文件,将"此处显示 id 'right'的内容"文字删除,输入新闻列表区的标题文字"品牌资讯"。

(2) 选择输入的标题文字"品牌资讯",将"属性"面板切换到"HTML"选项卡,在"格式"下拉列表框中选择"标题 3"。

(3) 按回车键,依次输入如效果图所示的 10 条新闻标题文字,并为每条新闻标题文字添加空链接,然后选择输入的 10 条新闻标题文字,在"属性"面板中单击"项目列表"按钮,将其转换为项目列表,完成的效果如图 7.22 所示。

图 7.22

(4) 在标题文字"品牌资讯"中单击鼠标,将光标定位到标题中,在"CSS 样式"面板中的"所有规则"列表框中选择"#news #right",然后单击"CSS 样式"面板中的"新建 CSS 规则"按钮,在打开的"新建 CSS 规则"对话框中单击"确定"按钮,打开"#news #right h3 的 CSS 规则定义"对话框,设置 CSS 样式如图 7.23(a)、(b),图 7.24(a)、(b) 所示。

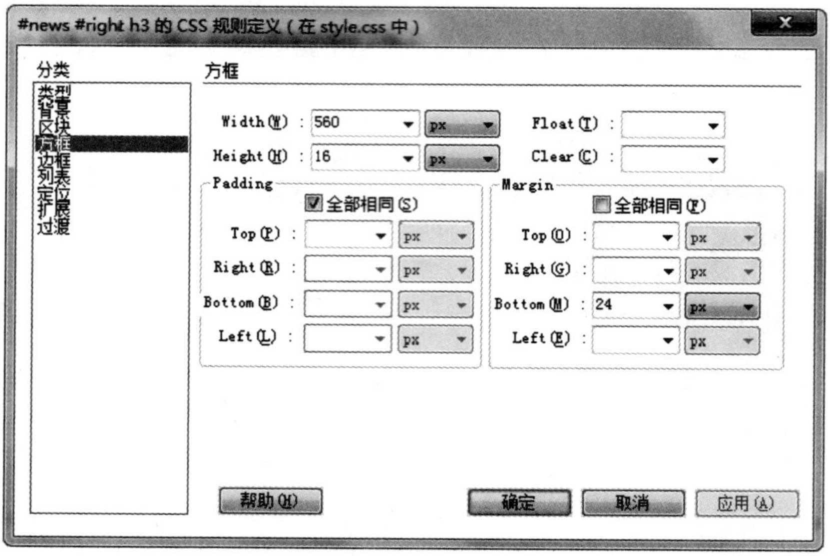

(a)

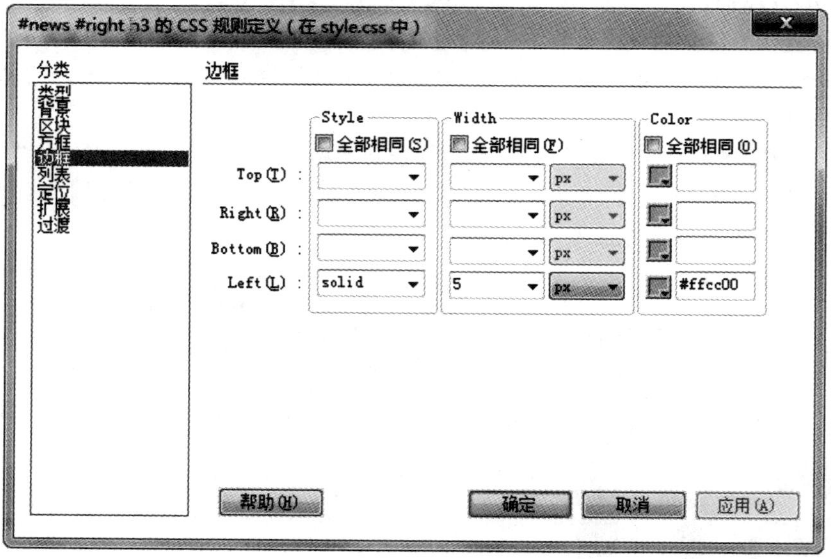

(b)

图 7.23

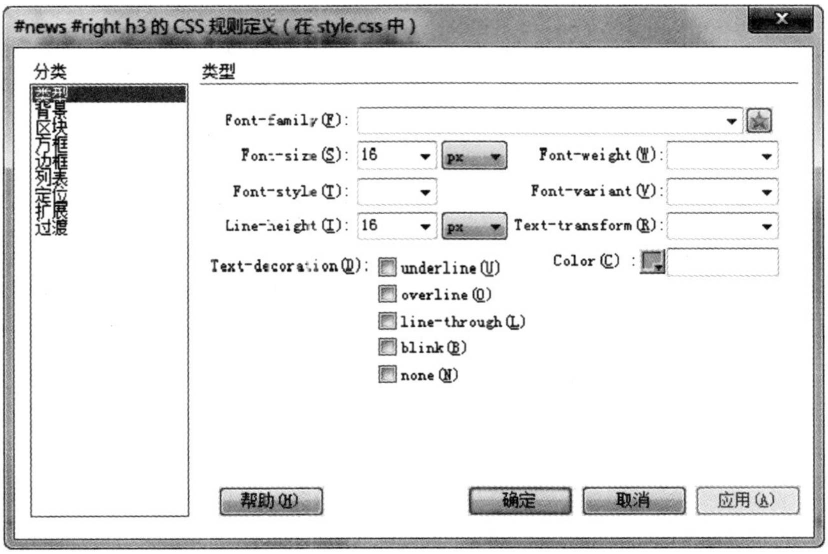

(a)

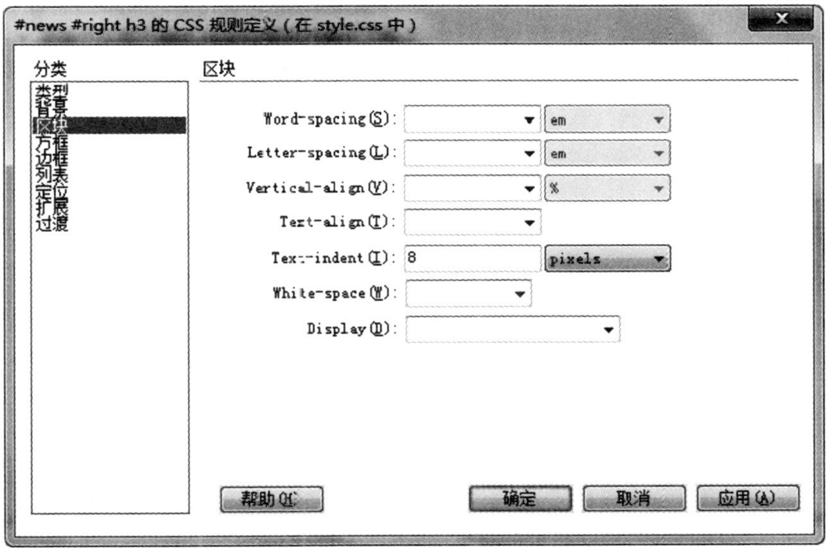

(b)

图 7.24

(5) 在任一新闻标题中单击鼠标，在"标签选择器"中单击"<ul>"，在"CSS 样式"面板中单击"新建 CSS 规则"按钮，在打开的"新建 CSS 规则"对话框中单击"确定"按钮，打开"#news #right ul 的 CSS 规则定义"对话框，设置 CSS 样式如图 7.25(a) 所示。

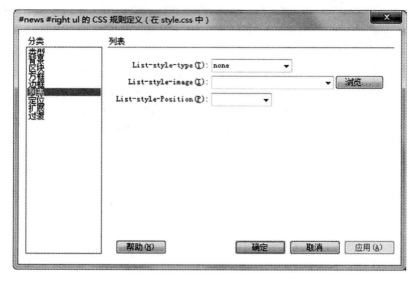

(a)

(b)

图 7.25

(6)在任一新闻标题中单击鼠标,在"CSS样式"面板中单击"新建 CSS 规则"按钮,在打开的"新建 CSS 规则"对话框中单击"确定"按钮,打开"#news #right ul li a 的CSS规则定义"对话框,设置CSS样式如图7.25(b),图7.26(a)、(b),图7.27(a)、(b)所示。

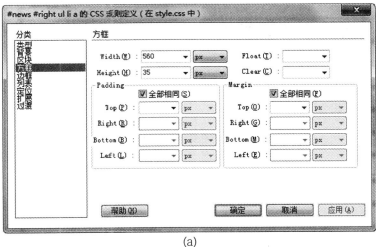

(a)

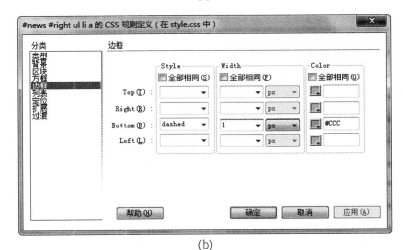

(b)

图 7.26

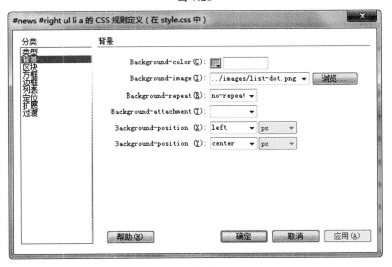

(a)

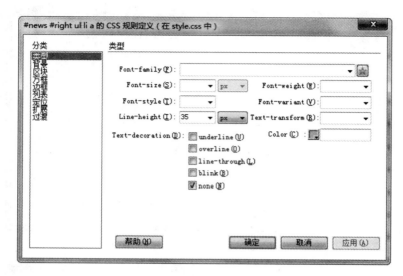

(b)

图 7.27

(7) 在任一新闻标题中单击鼠标,在"CSS 样式"面板中单击"新建 CSS 规则"按钮,在打开的"新建 CSS 规则"对话框中的"选择器名称"框中输入"#news #right ul li a: hover",然后单击"确定"按钮,打开"#news #right ul li a: hover 的 CSS 规则定义"对话框,设置 CSS 样式如图 7.28(a)、(b) 所示。完成的新闻列表区的最终效果如图 7.21 所示。

(a)

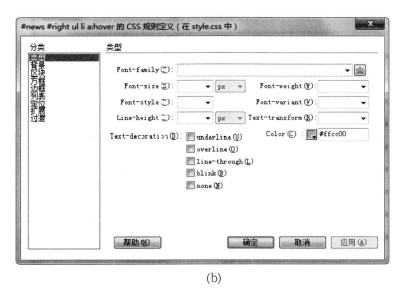

(b)

图 7.28

活动评价

　　通过本次活动,掌握使用Div-CSS网页制作思想完成新闻列表的制作,重点掌握如何使用CSS样式将新闻列表美化成效果图所示的效果。

任务3 »»»»»»»
制作产品展示区

情境设计

　　小白已经顺利完成了网页的页头导航与新闻列表区的制作,差不多完成了一半的工作任务,只剩余产品展示区就可以完成整个网页的制作,就可以展示自己的网页成果了,心里还是有点小激动。

任务分解

　　本次任务是根据网页效果图,使用Div+CSS网页设计的制作思想,完成夏季新品区与分类导航区的制作。

　　因此,本任务可以分解为两个活动:夏季新品区制作;分类导航区制作。

活动1　制作夏季新品区

活动要求

　　打开任务2中完成的"index.html"文件,完成夏季新品区的制作,完成后以原文件名保存,如图7.29所示。

图 7.29

活动实施

　　(1) 在 Dreamweaver CS6 软件中打开"index.html"文件,将"CSS 样式"面板切换到"全部"选项卡,在"所有规则"框中双击"#product",打开"# product 的 CSS 规则定义"对话框,将背景颜色清除。

　　(2) 在夏季新品区布局区域单击鼠标,输入标题文字"夏季新品",然后按回车键另起一行,输入英文标题文字"Summer"。选择相应的标题文字,在"属性"面板中将标题文字"夏季新品"设置为"标题 3"格式,将英文标题文字"Summer"设置为"标题 4"格式。

　　(3) 在英文标题文字"Summer"后面单击鼠标,再按回车键另起一行,依次单击"插入"→"HTML"→"文本对象"→"定义列表"菜单命令,在页面插入定义列表,然后依次单击"插入"→"图像"菜单命令,插入"pic-1.jpg"图片,并给图片添加空链接。

　　(4) 在插入的图片后面单击鼠标,按回车键另起一行,输入产品标题文字"儿童装迪士尼女童T恤 2024 夏天新款圆领短袖洋气亲子装",并给输入的产品标题文字添加空链接。再按回车键另起一行,输入"查看详情",并添加空链接。切换到"代码"视图,夏季新品区的 HTML 代码如图 7.30 所示。

```
<div id="product">
  <h3>夏季新品</h3>
  <h4>Summer</h4>
  <dl>
    <dt><img src="images/pic-1.jpg" width="430" height="430" /></dt>
    <dd><a href="#">儿童装迪士尼女童T恤2024夏天新款圆领短袖洋气亲子装</a></dd>
    <dt><a href="#">查看详情</a></dt>
  </dl>
</div>
```

图 7.30

(5) 将"查看详情"行的 <dt></dt> 标签对改为 <dd></dd> 标签对, 并分别给 dt、dd 标签添加 class 属性值, 如图 7.31 所示, 完成第 1 个产品相关信息的添加。

```
<div id="product">
  <h3>夏季新品</h3>
  <h4>Summer</h4>
  <dl>
    <dt class="pic"><img src="images/pic-1.jpg" width="430" height="430" /></dt>
    <dd class="desc"><a href="#">儿童装迪士尼女童T恤2024夏天新款圆领短袖洋气亲子装</a></dd>
    <dd class="more"><a href="#">查看详情</a></dd>
  </dl>
</div>
```

图 7.31

(6) 选择 <dl></dl> 标签对中的内容, 执行复制操作, 并修改图片与文字, 完成其余 5 个产品相关信息的添加, 如图 7.32 所示。

```
<div id="product">
  <h3>夏季新品</h3>
  <h4>Summer</h4>
  <dl>
    <dt class="pic"><img src="images/pic-1.jpg" width="430" height="430" /></dt>
    <dd class="desc"><a href="#">儿童装迪士尼女童T恤2024夏天新款圆领短袖洋气亲子装</a></dd>
    <dd class="more"><a href="#">查看详情</a></dd>
  </dl>
  <dl>
    <dt class="pic"><img src="images/pic-2.jpg" width="430" height="430" /></dt>
    <dd class="desc"><a href="#">儿童装迪士尼女童牛仔衬衫2024新款翻领波点纯棉衬衣</a></dd>
    <dd class="more"><a href="#">查看详情</a></dd>
  </dl>
  <dl>
    <dt class="pic"><img src="images/pic-3.jpg" width="430" height="430" /></dt>
    <dd class="desc"><a href="#">儿童装女童无袖连衣裙2024夏季新款淑女蝴蝶结公主裙</a></dd>
    <dd class="more"><a href="#">查看详情</a></dd>
  </dl>
  <dl>
    <dt class="pic"><img src="images/pic-4.jpg" width="430" height="430" /></dt>
    <dd class="desc"><a href="#">迪士尼宝宝童装女童梭织平纹格子衬衫2024夏装新款短袖衫儿童卡通</a></dd>
    <dd class="more"><a href="#">查看详情</a></dd>
  </dl>
  <dl>
    <dt class="pic"><img src="images/pic-5.jpg" width="430" height="430" /></dt>
    <dd class="desc"><a href="#">儿童装迪士尼女童牛仔衬衫2024新款翻领波点纯棉衬衣</a></dd>
    <dd class="more"><a href="#">查看详情</a></dd>
  </dl>
  <dl>
    <dt class="pic"><img src="images/pic-6.jpg" width="430" height="430" /></dt>
    <dd class="desc"><a href="#">迪士尼宝宝童装女童短袖冰雪奇缘T恤2024夏装新款爱莎公主上衣潮</a></dd>
    <dd class="more"><a href="#">查看详情</a></dd>
  </dl>
</div>
```

图 7.32

(7) 切换到"设计"视图, 在标题文字"夏季新品"中单击鼠标, 将光标定位到标题中, 在"CSS

样式"面板的"所有规则"列表框中选择"#product"，然后单击"CSS 样式"面板中的"新建
CSS 规则"按钮，在打开的"新建 CSS 规则"对话框中单击"确定"按钮，打开"#product h3 的
CSS 规则定义"对话框，如图 7.33(a)、(b)，图 7.34(a)、(b) 所示设置 CSS 样式。

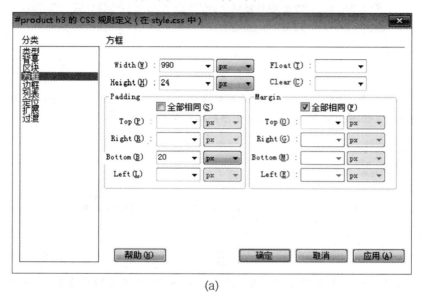

(a)

(b)

图 7.33

(a)

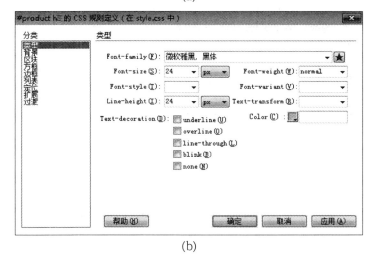

(b)

图 7.34

(8) 在英文标题文字"Summer"中单击鼠标,在"CSS 样式"面板中单击"新建 CSS 规则"按钮,在打开的"新建 CSS 规则"对话框中单击"确定"按钮,打开"#product h4 的 CSS 规则定义"对话框,设置 CSS 样式如图 7.35(a)、(b),图 7.36(a) 所示。

(9) 单击选择任一产品图片,在"CSS 样式"面板中单击"新建 CSS 规则"按钮,在打开的"新建 CSS 规则"对话框中单击"确定"按钮,打开"#product dl .pic a img 的 CSS 规则定义"对话框,设置 CSS 样式如图 7.36(b) 所示。

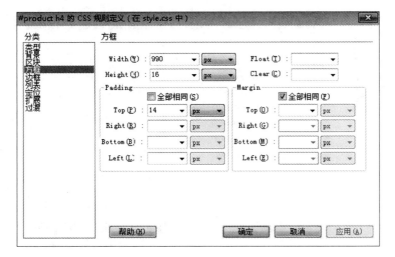

(a)

(b)

图 7.35

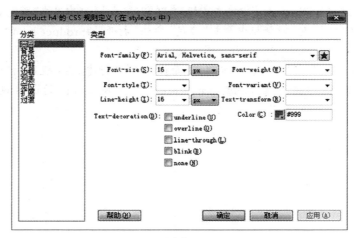

(a)

(b)

图 7.36

(10) 在任一产品中单击鼠标，在"标签选择器"中单击"<dl>"，在"CSS 样式"面板中单击"新建 CSS 规则"按钮，在打开的"新建 CSS 规则"对话框中单击"确定"按钮，打开"#product dl 的 CSS 规则定义"对话框，设置 CSS 样式如图 7.37(a)、(b) 所示。

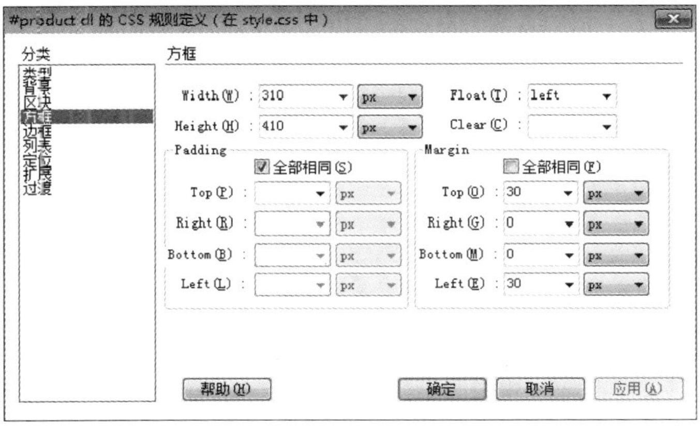

(a)

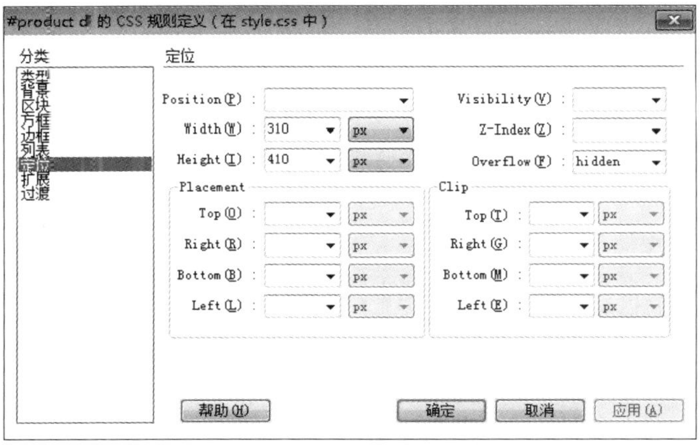

(b)

图 7.37

(11) 在"CSS 样式"面板中单击"新建 CSS 规则"按钮,在打开的"新建 CSS 规则"对话框中的"选择器名称"框中输入"#product dl.first",如图 7.38(a) 所示; 然后单击"确定"按钮,打开"#product dl.first 的 CSS 规则定义"对话框,设置 CSS 样式如图 7.38(b) 所示。

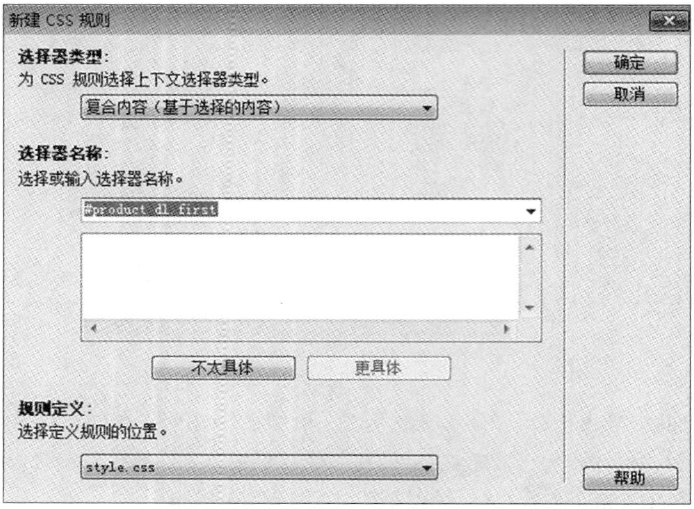

(a)

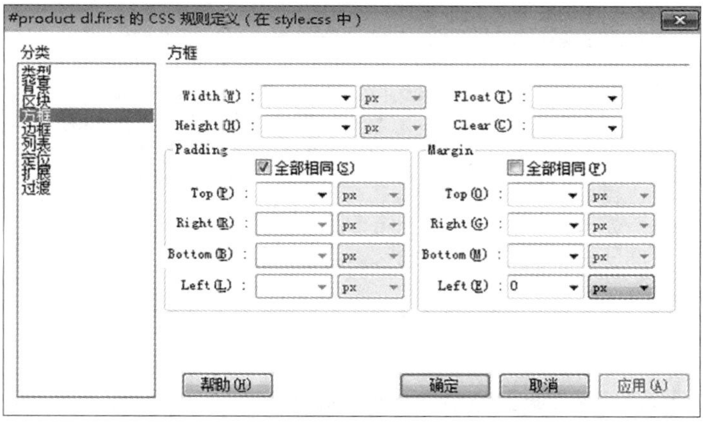

(b)

图 7.38

(12) 单击第 1 个产品图片,在"标签选择器"中确认"<dl>"被选择,然后在"属性"面板的"类"下拉列表框中选择"first",如图 7.39 所示; 给第 1 个产品的 <dl> 标签添加"first"类属性; 用同样的方法给第 4 个产品的 <dl> 标签添加"first"类属性。

图 7.39

(13) 在第 2 个产品标题文字中单击鼠标, 在 "CSS 样式" 面板中单击 "新建 CSS 规则" 按钮, 在打开的 "新建 CSS 规则" 对话框中单击 "确定" 按钮, 打开 "#product dl .desc a 的 CSS 规则定义" 对话框, 设置 CSS 样式如图 7.40(a)、(b), 图 7.41(a)、(b) 所示。

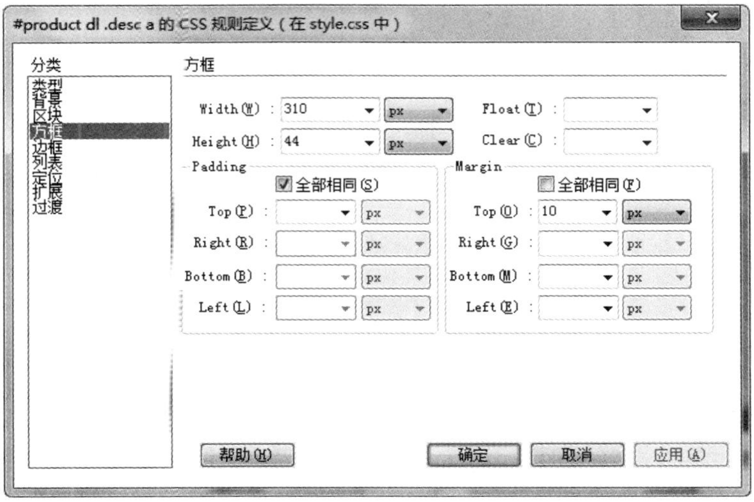

(a)

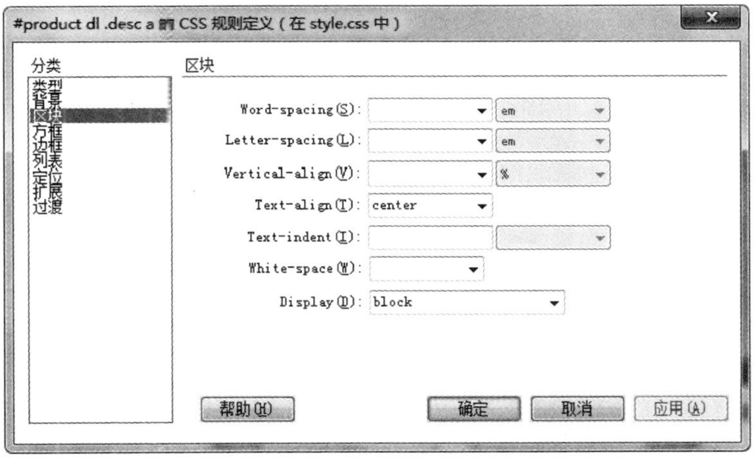

(b)

图 7.40

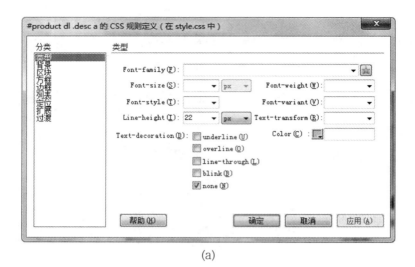

(a)

(b)

图 7.41

(14) 在第 2 个产品标题文字中单击鼠标，在"CSS 样式"面板中单击"新建 CSS 规则"按钮，在打开"新建 CSS 规则"对话框的"选择器名称"框中输入"#product dl .desc a: hover"，然后单击"确定"按钮，打开"#product dl .desc a: hover 的 CSS 规则定义"对话框，设置 CSS 样式如图 7.42 所示。

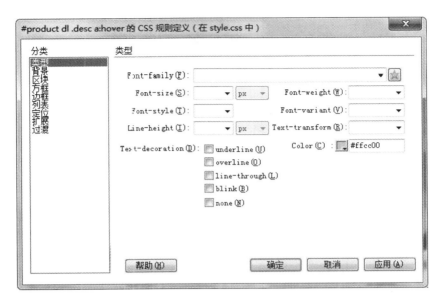

图 7.42

(15) 在第 2 个产品的"查看详情"文字中单击鼠标,在"CSS 样式"面板中单击"新建 CSS 规则"按钮,在打开的"新建 CSS 规则"对话框中单击"确定"按钮,打开"#product dl.more a 的 CSS 规则定义"对话框,设置 CSS 样式如图 7.43(a)、(b),图 7.44(a)、(b) 所示。

(a)

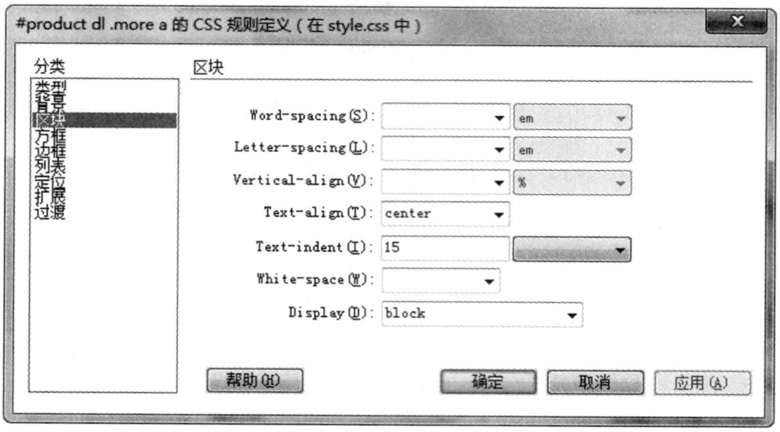

(b)

图 7.43

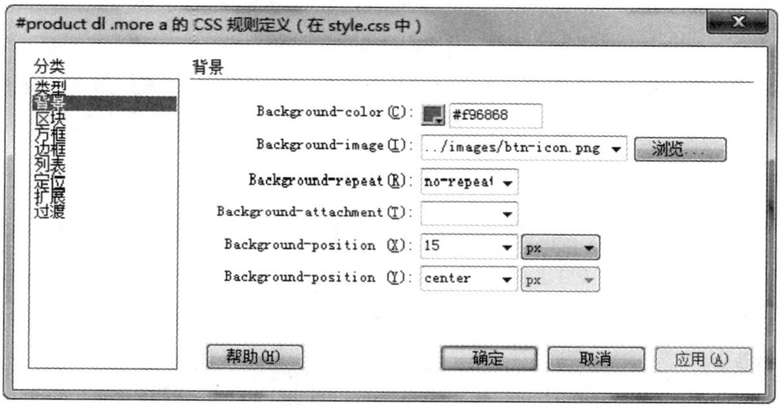

(a)

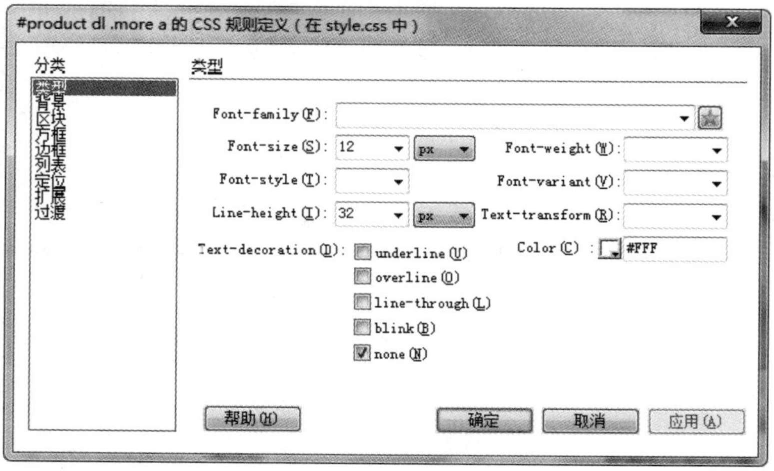

(b)

图 7.44

(16) 在第 2 个产品的"查看详情"文字中单击鼠标，在"CSS 样式"面板中单击"新建 CSS 规则"按钮，在打开"新建 CSS 规则"对话框的"选择器名称"框中输入"#product dl .more a：hover"，然后单击"确定"按钮，打开"#product dl .more a：hover 的 CSS 规则定义"对话框，设置 CSS 样式如图 7.45 所示。完成的夏季新品区的效果如图 7.29 所示。

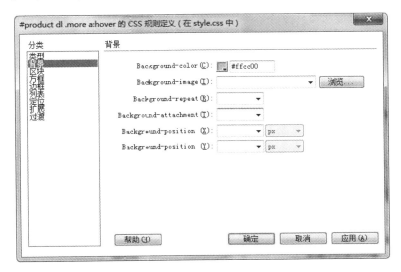

图 7.45

活动评价

通过本次活动，掌握使用 Div+CSS 网页制作的思想并完成图文展示区的制作，重点掌握如何使用 CSS 样式将夏季新品区美化成效果图所示的效果。

活动 2　制作分类导航区

活动要求

打开活动 1 中完成的"index.html"文件，完成分类导航区的制作，完成后以原文件名保存，如图 7.46 所示。

图 7.46

活动实施

（1）在 Dreamweaver CS6 软件中打开"index.html"文件，将"CSS 样式"面板切换到"全部"选项卡，在"所有规则"框中双击"#category"，打开"# category 的 CSS 规则定义"对话框，将背景颜色清除。

（2）在分类导航区布局区域单击鼠标，输入标题文字"产品分类"，然后按回车键另起一行，输入英文标题文字"Category"。选择相应的标题文字，在"属性"面板中将标题文字"产品分类"设置为"标题 3"格式，将英文标题文字"Category"设置为"标题 4"格式。

（3）在英文标题文字"Category"后面单击鼠标，再按回车键另起一行。依次单击"插入"→"HTML"→"文本对象"→"定义列表"菜单命令，在页面插入定义列表，然后依次单击"插入"→"图像"菜单命令，插入"cate-1.png"图片，并给图片添加空链接。

（4）在插入的图片后面单击鼠标，按回车键另起一行，输入文字"女童专区"，并给输入的标题文字添加空链接。然后在"标签选择器"中单击"<dl>"，选择 <dl></dl> 标签对中的内容，在"代码"视图中执行复制操作，并修改图片与文字，完成其余 3 个分类信息的添加，相应代码如图 7.47 所示。

图 7.47

（5）切换到"设计"视图，参照活动 1 相关操作，完成分类导航区标题文字"产品分类"与英文标题文字"Category"的样式设置。

（6）在"女童专区"文本中单击鼠标，在"标签选择器"中单击"<dl>"，在"CSS样式"面板中单击"新建 CSS 规则"按钮，在打开的"新建 CSS 规则"对话框中单击"确定"按钮，打开"#category dl 的CSS规则定义"对话框，设置CSS样式如图7.48(a)所示。

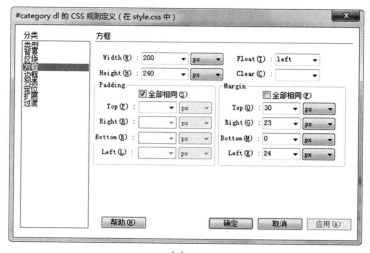

(a)

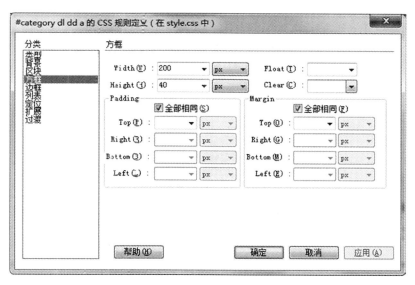

(b)

图 7.48

(7) 在 "女童专区" 文本中单击鼠标, 在 "CSS 样式" 面板中单击 "新建 CSS 规则" 按钮, 在打开的 "新建 CSS 规则" 对话框中单击 "确定" 按钮, 打开 "#category dl dd a 的 CSS 规则定义" 对话框, 设置 CSS 样式如图 7.48(b), 图 7.49(a)、(b) 所示。

(a)

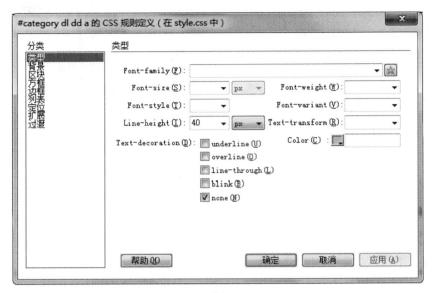

(b)

图 7.49

(8) 在"女童专区"文本中单击鼠标,在"CSS 样式"面板中单击"新建 CSS 规则"按钮,在打开的"新建 CSS 规则"对话框的"选择器名称"框中输入"#category dl dd a: hover",然后单击"确定"按钮,打开"#category dl dd a: hover 的 CSS 规则定义"对话框,设置 CSS 样式如图7.50(a) 所示。完成的分类导航区的效果如图 7.46 所示。

(9) 在"CSS 样式"面板的"所有规则"框中双击"#bottom",打开"# bottom 的 CSS 规则定义"对话框,将背景颜色清除。设置上边框样式如图 7.50(b) 所示。

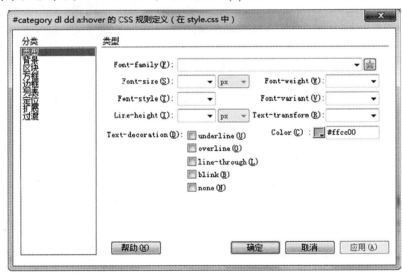

(a)

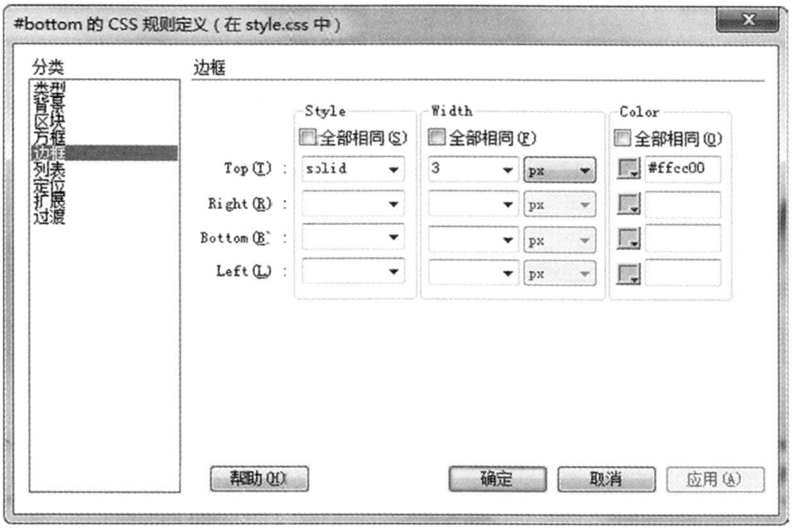

(b)

图 7.50

(10) 依次单击"插入"→"布局对象"→"Div 标签"菜单命令，打开"插入 Div 标签"对话框，在"插入"项的第 1 个下拉列表框中选择"在开始标签之后"，在第 2 个下拉列表框中选择"<div id=" bottom" >"，在"类"名框中输入"box"，如图 7.51(a) 所示，然后单击"确定"按钮。

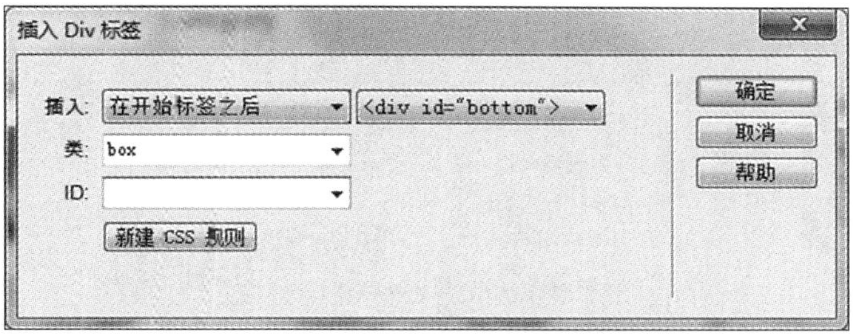

(a)

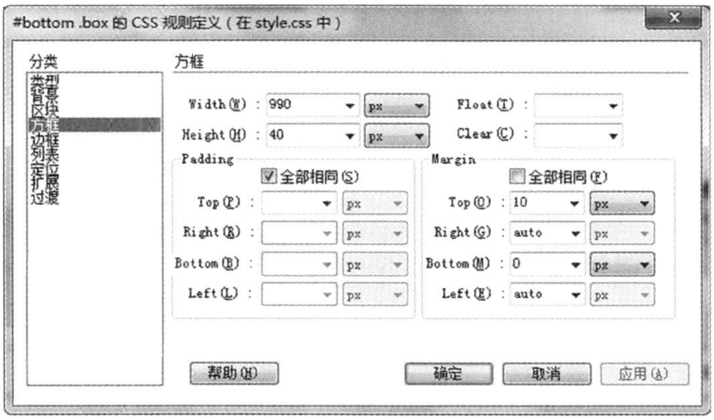

(b)

图 7.51

(11) 选择"此处显示 class "box" 的内容"文字并删除，在"CSS 样式"面板中单击"新建 CSS 规则"按钮，在打开的"新建 CSS 规则"对话框中单击"确定"按钮，打开"#bottom .box 的 CSS 规则定义"对话框，设置 CSS 样式如图 7.51(b)、图 7.52(a)、(b) 所示，将"此处显示 class "box" 的内容"文字删除，并参照效果图输入页面底部的版权信息 (注意：输入完第 1 行文字后按 Shift + Enter 键换行，不要直接按 Enter 键换行)，并为"EkeCMS"与"ekecms.cn"文字添加空链接。

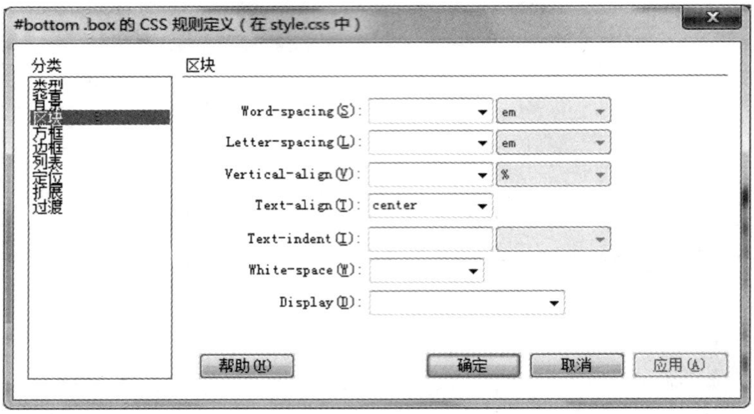

(a)

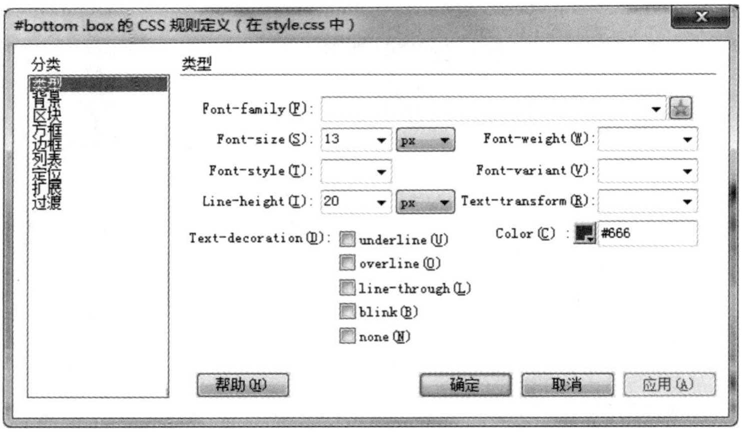

(b)

图 7.52

(12) 在"EkeCMS"文本中单击鼠标，在"CSS 样式"面板中单击"新建 CSS 规则"按钮，在打开的"新建 CSS 规则"对话框中单击"确定"按钮，打开"#bottom .box a CSS 规则定义"对话框，设置 CSS 样式如图 7.53(a) 所示。

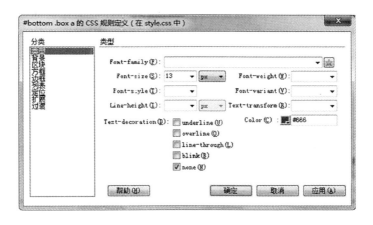

(a)

(b)

图 7.53

(13) 在 "EkeCMS" 文本中单击鼠标，在 "CSS 样式" 面板中单击 "新建 CSS 规则" 按钮，在打开 "新建 CSS 规则" 对话框的 "选择器名称" 框中输入 "#bottom .box a: hover"，然后单击 "确定" 按钮。打开 "#bottom .box a: hover 的 CSS 规则定义" 对话框，设置 CSS 样式如图 7.53(b) 所示。最终完成的网页效果如图 7.46 所示。

活动评价

通过本次活动，掌握使用 Div+CSS 网页制作的思想完成图文展示区的制作，重点掌握如何使用 CSS 样式将分类导航区美化成效果图所示的效果。

项目小结

通过本项目的学习，能够使用前面已学知识，完成一个完整网页的制作。在本项目中，包含 Div+CSS 制作网页的几个典型案例，如 Div+CSS 页面布局、文字导航的制作、文字列表(新闻列表)的制作、图文列表(夏季新品区与分类导航区)的制作，这几个典型案例是网页制作中常见的表现形式，一般的网页都是由这几类典型案例构成的。因此，本项目的知识在学习的过程中，需要总结每个典型案例的特点、应用场景及制作步骤，这样才能在不同的网页制作中举一反三，灵活运用所学知识解决问题。

项目检测

操作题

参照所给的效果图，完成"零食商城"首页的制作，完成后以"index.html"为文件名保存到"1x7"文件夹。

(1)完成"零食商城"页头的制作，如图7.54所示。

图 7.54

(2)完成"零食商城"楼层(1—3F)的制作，3个楼层的图分别如图7.55所示。

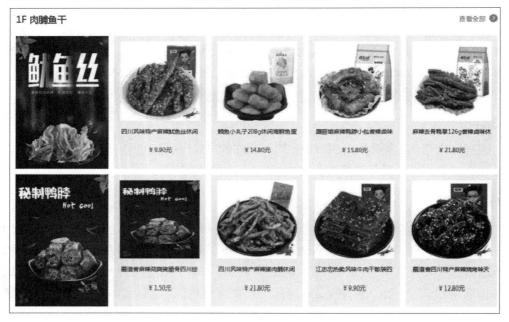

1F 肉脯鱼干

2F 坚果炒货

3F 果脯果干

图 7.55

(3)完成"零食商城"热点新闻与页底区域的制作，如图7.56所示。

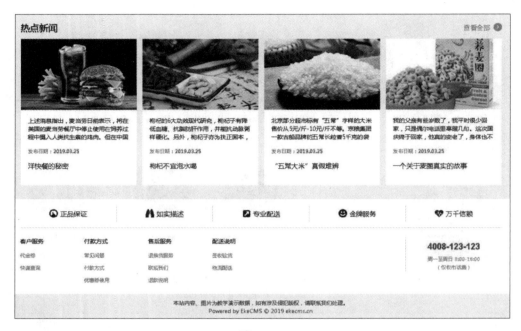

图 7.56